生命中的贵人

延佛 / 口述　张林 / 整理

中国·武汉

图书在版编目 (CIP) 数据

父母：生命中的贵人 / 延佛口述；张林整理 . —武汉：华中科技大学出版社，2020.10
ISBN 978-7-5680-6667-9

Ⅰ. ①父… Ⅱ. ①延… ②张… Ⅲ. ①孝－文化－中国 Ⅳ. ① B823.1

中国版本图书馆 CIP 数据核字 (2020) 第 183569 号

父母：生命中的贵人　　延佛 口述　张林 整理
Fumu: Shengming zhong de Guiren

策划编辑：饶　静
责任编辑：陈　然
封面设计：红杉林文化
责任校对：李　弋
责任监印：朱　玢
出版发行：华中科技大学出版社（中国·武汉）　电话：(027)81321913
武汉市东湖新技术开发区华工科技园　邮编：430223
录　　排：华中科技大学惠友文印中心
印　　刷：湖北新华印务有限公司
开　　本：880mm × 1230mm　1/32
印　　张：9
字　　数：230 千字
版　　次：2020 年 10 月第 1 版第 1 次印刷
定　　价：42.00 元

最深的感恩，是感恩维系万物和生命存在的自然秩序。最大的孝道，是敬畏创造生命的力量并深深地热爱生命。

——题记

目 录

第一课

一个荷兰人的认祖归宗之路

——兼谈宗法血缘的纽带与“孝”的起源

一

一个地道的中国故事却要从荷兰说起，好像有点远得离谱。

也许地球村的建立比人们想象的要早。

荷兰的阿姆斯特丹是个挺漂亮的城市，号称北方威尼斯，也是艺术之都。整个城市如同一艘漂浮在海面上的古老航船，船上五花八门的风车色彩大胆，如童话世界般简单动人。

风车静中有动、航船动中有静，这让荷兰人有了遐想联翩的习惯。果然，熙攘的人流中，有一位女作家正在冥想着祖先的故事。

在所有的故事里，祖先的故事最为传奇、隽永，寓意深长……女作家用荷兰语说：“我的名字叫望安余，按中文的叫法就是余望安。但是，不论我怎么解释，即使我说出了‘an’‘oe’之后，人们仍然会问，你从哪里来呀？”[①]

余望安除了满头的黑发之外，浑身上下没有哪个地方像中国人。她高鼻深目，身材高挑，不会说汉语，更不知道自己来自哪里，也不知道祖先姓甚名谁。

但是，就像每个人都会追问自己从哪里来一样，余望安在写一本关于祖母的小说时，再次产生了对自己身份的疑惑：她看到了一张老照片。那张照片上的人，全部是她的祖先，而这些祖先竟然全部都是中国人。

因为这张照片，她知道自己是个有着中国血统的人，自己是第 5 代荷兰籍的华裔。

① 余望安的故事，出自 CCTV 电视纪录片《我从汉朝来》第一集。

余望安看到的这张照片，是她的曾外祖父与 14 个孩子的合影。在这 14 个孩子中，就有余望安的祖母。

曾外祖父曾如柏，是余望安能够追溯到的最早的祖先名字，他是印尼一家糖厂的经理。然而线索到这里便断了，曾如柏的故乡在哪儿？他又是谁的后代？

怀着对祖先的强烈好奇心，余望安开始了对家族历史的探寻。

然而，对中国家族体系的陌生，让余望安如同进入了迷宫，她的寻根故事甚至比福尔摩斯探案的故事还要艰难曲折。

余望安的家从祖父那一辈开始，定居荷兰近百年了。那时，正是阿姆斯特丹的第二个黄金发展期，工业革命的兴起和运河的开凿，极大地促进了阿姆斯特丹与欧洲和世界的商业交流，大批的移民涌入这个城市。余望安的祖父就在那时来到了这里。

一百年来，这个家族与荷兰人通婚、融合，后代已经忘记母语的腔调与音节了。

余望安手里的几张照片是她和海外亲戚们仅存的家族记忆。余望安寻找中国祖先的行动，让她的海外亲戚们充满了期待，但他们和余望安一样不会中文，对家族的历史知之甚少，只知道祖先的汉族姓氏是“曾”，他们能根据照片和曾姓找到祖根吗？

这可是大海捞针。

十年过去了，余望安的寻找没有任何头绪，但是，祖先的召唤像一股暖流，让她充满了感恩和希冀。她不会放弃。

有一天，余望安再次端详家族的照片时突然发现，在曾外祖父墓碑的照片上，有两个与生卒年月、家属亲人名字不相关的汉字：龙山。

余望安有一种预感，她的探寻之路很有可能通过这两个汉字找到答案。

“龙山”是什么意思？是一个地名，还是曾外祖父的爵位，或是后人对他的尊称？

开始，余望安认为这是一个地名，但寻找的结果一次次让她失望，中国并没有一个叫龙山的地方。万般无奈之际，突然柳暗花明，一个朋友告诉她，龙山或许是一个中国家族特有的称号：堂号。

堂号，是表明一个家族的世系与源流，用来区分族属和支派的标记。

这是一把钥匙，按照这把钥匙指示的路径，余望安很快查到了自己的中国血脉。

在中国古代，每个姓氏都有一个堂号，用来记录自己的根。堂号，就是一个人认祖归宗的路线图，就是一部记录自己源流和世系的史书。

龙山，是曾氏家族的堂号，龙山堂曾家居住在中国福建闽南一带。

高鼻深目的余望安就这样回到了自己的家乡漳州龙海厚宝村，拜会了自己的汉族亲人。通过家谱和史料记载往回追溯，曾氏家族千年迁徙的脉络清晰可辨。他们最早的祖先可以追溯到孔子的弟子曾参。

曾参可能无论如何也不会想到，千年之后，他的后人竟然远走他乡，成了荷兰人。而余望安也不会想到，她的高祖就是最早教导人们不要忘记祖先的人。她的寻根，正是来自冥冥之中祖先的召唤。

曾参祖籍山东，他是当地非常有学问的人，也是一个大孝子。正因为如此，他的老师孔子才会与他讨论孝道，使他成为记述《孝经》的人。

那一天，孔子在书房端坐深思，曾参在一边陪伴，孔子像是自言自语，又像是对着曾参说话，“先王靠着高尚的道德，使天下人心归顺，百姓和睦，君臣无怨，你知道这是什么道德么？”

曾参一听，知道老师要讲述大学问了，马上站起来，恭敬地答道：

“我曾参不够聪明，怎么会知道这些高深的道理呢？”

孔子说：“孝道是道德的根本，一切教化都由孝道产生，你先坐下吧，容我慢慢告诉你。一个人的身体、毛发、皮肤，都是从父母那里继承来的，不敢损坏毁伤，这就是行孝的开始。立身处世，遵行道义，名扬后世，使父母显赫荣耀，这是孝的最终目标。孝道，从侍奉父母开始，然后侍奉君主，最终立身天地，显亲扬名。所以，《诗经·大雅》说：‘不要忘记你的祖先，要宣扬发展他们的美德。’”

曾参记录了孔子口述的《孝经》，也传下了自家的族谱，这个族谱在两千多年后，成为他的后人、荷兰女作家余望安寻找祖根的线索与依据。中国有文字记载的确切的族谱大约是从三千多年前开始的，而之前的家谱，多来源于传说，或是由后人补记。

二

那么，中国人为什么要记录自己的族谱呢？

研究历史的学者认为，中国历史从商朝（约公元前 1600—公元前 1046 年）到周朝（公元前 1046—公元前 256 年）的转换是一个最重要的转换。

商朝人与周朝人的世界观有本质的区别。在商朝人的心目中，世界是一个人与神鬼纠缠杂居的地方，现世活着的人与死去的人是割裂的、是两个世界的人，而灵媒和鬼神却与活人混居，人们通过祭拜鬼神才能够与死去的人沟通和交流。后来，西边强大起来的周朝把商朝灭了，他们有意识地改变了商朝的文化。周朝人认为，商朝人将神灵放在首位是不对的，应该把祭祖的宗教礼仪放在第一位，因为来源于血脉的亲族关系才是社会长治久安的核心力量。

如果说商朝是半奴隶半封建社会，那么周朝则建立了真正意义上的封建社会和文化。他们的首领“天子”，即“天帝的儿子”，有权把自己的领地分给自己的儿子、孙子或是诸侯，每座城市都模仿周朝的都城建造，设立宗庙与祭拜天地的祭坛。在这个社会里，你的尊卑贵贱是根据你在亲族中的身份来确定的，你与他人关系的远近是根据你与他人的血缘关系决定的。比如，同是周天子的儿子，如果你是正妻所生的长子，那你在周朝的地位就是一人之下、万人之上的太子。如果你是周王之妾所生的庶子，你的地位就一落千丈，想要接班，除非使用非法手段。

周朝的这种文化构成了以家族为中心，按血统、嫡庶来组织、统治社会的法则，简称宗法。这样的价值观和世界观决定了封建社会的人们必须保留宗族系统的传承关系，让人们清楚自己与他人的关系。于是，族谱就出现了。自己与周围的人是什么关系，一查族谱就知道了。这时候，崇拜鬼神显然不如崇拜祖先来得实惠，认祖归宗成为一件与利益、权力、地位相关的重要事情。如果不了解族谱，就不能了解历史；不了解历史，就不会知道如何解决现实中的难题。那时的人们认为，先人处世的方法和经验会让自己少走弯路，是保佑自己的法宝。父母长辈也认为，自己的人生经验也会让子孙少走弯路。

宗，在最早的甲骨文里，是一座尖顶的房屋里有个人正在向上苍祭拜，本义是祭祀祖先的庙。《说文解字》称：宗，尊祖庙也。“宗”在汉语中是个尊贵的字眼，一般来说，它指家族的上辈、民族的祖先和祭祀祖先的场所，也泛指家族、宗族。周朝人认为，如果君王恰当地履行了拜祭祖先的义务，那么他就会拥有“道德”，天地万物会完美地运行，人间就会欣欣向荣。

宗族的法规，就是古人的“道德”。

古人认为，尊敬祭祀自己的祖先和父母，是天下最符合“道德”的事情，能给自己和子孙后代带来好运和福泽。祭祀文化是中国古代生育文化的重要组成部分，祭祀文化越发达（宗祠、祖坟、家谱），生育率越高，家族就越兴旺。

周朝的青铜器上一般都有铭文，其中最常见的一句话是“子子孙孙永宝用”。其含义是希望此器能够永世流传，后世子孙能铭记祖先的功德与荣耀。这也是商周时期人们“不朽”的历史意识的体现。

在“不朽”的历史意识推动下，“孝道”就应运而生了。

“孝”字最初见于殷卜辞，《说文解字》解释说：“孝，善事父母者，从老省，从子，子承老也。”孝的字形是表示“子承老”，老人在上，子在下，儿孙搀扶老人，奉养父母长辈。

宗与孝，构成了中国的宗法制。王力先生认为，宗法，即祖宗之法，是以家族为中心，根据血统远近区分嫡庶亲疏建立的一种等级制度。这种制度巩固了统治阶层的世袭统治，在封建社会被长期保留下来。在中国三千年的历史中，它的力量一直都十分强大。在宗法制度的时代，人民是“高度自治”的。常见的民事纠纷，包括小的经济纠纷和刑事案件，都是请“三老”（同族的三位长者）裁断，三老不能解决，才会开祠堂。闹到要开祠堂，已经是非常大的事了。祠堂里的族长和长辈甚至有权决定人的生死。经过宗族审查后仍需要上升到官府的案子，是不多的。宗法制度和“三百文官治天下”的国家机器，在功能上协同互补。①

人们发现，宗法制依托道德去组织和管理族群时，许多事情的处理不但能变得高效，而且更灵活，还具备相当的延续性。比如在处理纠纷时，长老说：“都是亲的，闹出去你们不怕外人看笑话”，于是大家立

① 王力：《中国古代文化常识》，北京联合出版公司，2015 年，第 154-155 页。

刻自律起来。又比如，同姓的两家不和打闹，长老说：“家丑不可外扬。往上数三辈，你们两家是同一个爷爷，你太爷爷要是知道你们在这里丢人败姓，还不得当场气死。”于是唤起了两家人的内疚感和亲情，矛盾或许就烟消云散了。

宗法制处理问题时，依据血缘的远近处理问题，家族成员一般不会有意见。比如利益分配时，血缘近者分得多，血缘远者分得少；惩罚错误时，血缘近者处理得重，血缘远者处理得轻。这也算是一种血缘的力量吧。

宗法表现形式主要有三：

家谱

家谱是中国进入父系社会后，人们对祖先的传承和回忆的记录。主要目的是使人们知晓家族的来历和迁徙的路线，知道祖先的功德、名声、官阶、荣誉，激励后代励精图治，同时，增加家族的凝聚力和向心力。也有人认为修家谱的目的是治国，将古代宗法尊祖敬宗的原则，变成修宗谱、建宗祠、置族田、立族长、订族规的行为，将宗族制度发扬光大。家谱的雏形形成于商代，兴盛于隋唐，真正开始传世起于宋代。

宗祠

宗祠习惯上称祠堂，是供奉祖先神主，进行祭祀的场所，被视为宗族的象征。宗庙制度产生于周代，《礼记·王制》中记载了帝王贵族的宗庙制度。秦汉时期，宗庙属天子专有。宋代朱熹提倡建立祠堂：每个家族建立一个奉祀高、曾、祖、祢四世神主的祠堂四龛。清代祠堂遍及全国城乡，是族权与神权交织的中心。祠堂中的主祭——宗子，相当于天子；管理全族事务的宗长，相当于丞相；宗正、宗直，相当于礼部尚书与刑部尚书。祠堂最能体现宗法制家国一体的特征。

族规

族规是家族的法律。族规的作用有三：一是强制性的尊祖；二是维护等级制度，严格区分嫡庶、房分、辈分、年龄、地位；三是强制实行儒家伦理道德，必须尊礼奉孝。

根据王力先生的划分，古代宗法制度的构成分为四个方面：

族、昭、穆

族，表示亲属关系。《尚书·尧典》："克明俊德，以亲九族"。依旧说，九族指的是高祖、曾祖、祖、父、自己、子、孙、曾孙、玄孙。这是同姓的族。九族之外，有所谓三族。三族有三说：父、子、孙为三族；父母、兄弟、妻子为三族；父族、母族、妻族为三族。

昭、穆是周代贵族把始祖以下同族男子逐代先后相承的分辈的方法，二世、四世、六世……称昭，三世、五世、七世……称穆。

昭穆制是体现地位尊卑的制度。《礼记·王制》载："天子七庙，三昭三穆，与太祖之庙而七。诸侯五庙，二昭二穆，与太祖之庙而五。大夫三庙，一昭一穆，与太祖之庙而三。士一庙，庶人祭于寝。"地位越高的人其宗庙中可以供奉的祖先就越多，相反，地位越低的人其宗庙中所供奉的祖先就越少。

昭穆也指宗庙、墓地或神主的辈次排列，左为昭，右为穆，故亦称左昭右穆制。

大宗、小宗

古代宗法上有大宗、小宗的分别。嫡长子孙这一系是大宗，其余的子孙是小宗。周天子自称是天帝的长子，其王位由嫡长子世袭，这是天下的大宗；余子分封诸侯，对天子来说是小宗。诸侯的王位也由嫡长子世袭，在诸侯国是大宗；余子分封为卿大夫，对诸侯来说是小宗。卿大夫在本族是大宗；余子为士，对卿大夫来说是小宗。

大宗和小宗不仅是家庭等级关系，也是政治隶属关系，这种法规，在家族中以兄统弟，在政治上以君统臣，这就抑制了统治阶层的内讧，巩固了其统治。

亲属

中国宗法的特点是：亲属关系拉得远，亲属名称分得细，特别是先出生与后出生要有不同的名称。

父之父为祖父，古称王父；父之母为祖母，古称王母。祖之父母为曾祖父、曾祖母；曾祖之父母为高祖父、高祖母。

子之子为孙，孙之子为曾孙，曾孙之子为玄孙，玄孙之子为来孙，来孙之子为昆孙，昆孙之子为仍孙，仍孙之子为云孙。

父之兄为世父（伯父），父之弟为叔父（伯叔）。世父叔父之妻称为世母（伯母）、叔母（婶）。伯叔之子（堂兄弟）称为从父昆弟，又称从兄弟，这是同祖父的兄弟。父之姊妹为姑。

父之伯叔称为从祖祖父（伯祖父、叔祖父），其妻称为从祖祖母（伯祖母、叔祖母），其子称为从祖父，俗称堂伯、堂叔，这是同曾祖的伯叔；其妻称为从祖母（堂伯母、堂叔母），堂伯叔之子称为从祖昆弟，又称为再从兄弟（从堂兄弟），这是同曾祖的兄弟。

祖父的伯叔是族曾祖父，称为族曾王父；其妻是族曾祖母，称为族曾王母。族曾祖父之子是族祖父，称为族祖王父。族祖父之子为族父。族父之子为族兄弟，这是同高祖的兄弟。

兄之妻为嫂，弟之妻为弟妇。兄弟之子为从子，又称为侄；兄弟之女为从女，后来又称侄女。《尔雅·释亲》中说，“女子谓弟之子为侄”，《仪礼·丧服传》中说，“谓吾姑者，吾谓之侄”，可见上古姑侄对称。兄弟之孙为从孙。

姊妹之子为甥，后来又称外甥。女之夫为女婿或子婿，后来省称为婿。

父之姊妹之子女称为中表（表兄、表弟、表姊、表妹），中表是晋代以后才有的称呼。

母之父为外祖父，古称外王父；母之母为外祖母，古称外王母；外祖父之父母为外曾王父与外曾王母。母之兄弟为舅，母之姊妹为从母，母之从弟兄为从舅。

妻又称为妇。妻之父为外舅（岳父），妻之母为外姑（岳母）。妻之姊妹为姨。

夫又称为婿。夫之父为舅，又称为嫜，夫之母为姑，连称为舅姑或姑嫜；夫之妹为小姑，夫之弟妇为娣妇，夫之嫂为姒妇，简称为娣姒，又叫妯娌。

妇之父母与婿之父母相谓为婚姻，分开来说，则妇之父为婚，婿之父为姻。两婿相谓为娅，后代俗称“连襟”。

为了方便大家了解中国亲属间的称谓，我把所谓的“祖宗十八代”罗列出来。

上九代

世祖鼻祖（始祖）：九世祖

远祖：八世祖

太祖：七世祖

烈祖：六世祖

天祖：五世祖

高祖：四世祖

曾祖：三世祖

祖父：二世祖

父亲：一世祖

自己：简称“己”，是上九代与下九代的分水岭，不包含在“祖宗十八代”之内。

下九代

儿子：一世孙

孙子：二世孙

曾孙（重孙）：三世孙

玄孙（元孙）：四世孙

来孙：五世孙

晜孙：六世孙

仍孙：七世孙

云孙：八世孙

耳孙：九世孙

宗法制讲究父慈，子孝，兄友，弟恭，要求妇女讲究妇道。

嫡庶之分，在中国宗法社会中也是非常严格的。正妻称为嫡妻，嫡妻之子为嫡子；妾之子称为庶子，这是一种区别。长子为嫡子，非长子为众子，这又是一种区别。嫡庶之分，关系到承袭制度。《公羊传·隐公元年》：“立嫡以长不以贤，立子以贵不以长。”根据这个原则，正妻所生的长子才有承袭的资格，妾媵所生的子即使年长，如果正妻有子，仍应由正妻的子承袭。这样做，据说可以不引起争端，但是由于争夺利益，统治阶层杀嫡立庶的事情也是史不绝书的。

丧服

丧服是居丧所穿的衣服。根据生者和死者关系的亲疏，丧服和居丧的期限也各有不同。丧服分为五个等级，叫作五服。五服的名称依次为斩衰、齐衰、大功、小功、缌麻。

斩衰是五服中最重的一种。凡丧服上衣叫衰（披在胸前），下衣叫裳。衰是用最粗的生麻布做的，衣旁和下边不缝边，所以叫斩衰，斩就是不缝缉的意思。诸侯为天子、臣为君、子为父、父为长子都是斩衰。妻妾为夫、未嫁的女儿为父，除服斩衰外还有丧髻，这叫“髽衰”。斩衰的丧期是三年（实际上是两周年）。

齐衰次于斩衰，是用熟麻布做的。因为缝边整齐，所以叫作齐衰。齐衰分为四等：齐衰三年，这是父卒为母、母为长子穿的丧服；齐衰一年，用杖（丧礼中所执的），这叫“杖期”，这是父在为母、夫为妻穿的丧服；齐衰一年，不用杖，这叫“不杖期”，这是男子为伯叔父母、为兄弟穿的丧服，已嫁的女儿为父母，媳妇为舅姑（公婆）、孙和孙女为祖父母也是不杖期；齐衰三月，这是为曾祖父母穿的丧服。

大功次于齐衰，也是用熟麻布做的，比齐衰精细些。功，指织布的工作。大功是九个月的丧服，男子为出嫁的姊妹和姑母、为堂兄弟和未嫁的堂姊妹都是大功，女子为丈夫的祖父母、伯叔父母、为自己的兄弟也是大功。

小功又次于大功，小功服比大功服更精细，是五个月的丧服。男子为从祖祖父（伯祖父、叔祖父）、从祖祖母（伯祖母、叔祖母）、从祖父（堂伯、堂叔）、从祖母（伯祖母、叔祖母）、从祖昆弟（再从兄弟）、从父姊妹（堂姊妹）、外祖父母都是小功，女子为丈夫的姑母姊妹，为娣妇姒妇也是小功。

缌麻是五服中最轻的一种，比小功服更精细，丧期是三个月。男子为族曾祖父、族曾祖母、族祖父、族祖母、族父、族母、族兄弟，为外孙、外甥、婿、妻之父母、舅父等都是缌麻。

“五服”似乎说的是什么样的亲戚死了应当穿什么样的孝服，实际上仍然体现着宗法思想的强大力量。因为五服也代指亲戚的关系，五服之内算近亲，五服之外算远亲。[①]

如今，在民间，五服也指代五辈人，比如在河南、河北、山东等地，有“五服之内为亲”的说法，从高祖开始，往上推五代，高祖、曾祖、祖父、父、自己，凡是血缘关系在这五代之内的都是亲戚，因为同出一个高祖。五服之后则没有了亲缘关系，可以通婚。一般情况下，家里有婚丧嫁娶之事，都是五服之内的人参加。关于五服，有多种说法。一种说法是按字面理解，从自己开始向上数五代，就叫五服；一种说法是五代算一服，出五服要二十五代；第三种说法是一爷之孙三代人不出服，然后每向下传一辈算一服，数到第五服，总计八代人（所以民间有人骂

① 王力：《中国古代文化常识》，北京联合出版公司，2015 年。

祖宗八辈，意思是咒骂对方的整个家族）；第四种说法是五服指的是“九族”：高祖、曾祖、祖父、父亲、自己、儿子、孙子、曾孙、玄孙，中国广大农村地区普遍流行这一说法。

宗法制以周朝最为完善。在周朝，唯一能将天下所有人联系在一起的就是宗庙。周王号称天子，只有他可以向天帝献祭。周朝的诸侯国大部分都模仿周朝的都城丰京和镐京建造，设立宗庙和祭拜天地的场所，同样，也只有诸侯国的国王才能祭拜祖先。他们认为，天地之间并没有一条鸿沟，相反，天与地是相辅相成的，天圆地方，二者是一个统一体。天帝是天子的祖先，而天子真正的爷爷、曾爷爷、太爷爷也是天帝的儿子，虽然他们一度在尘世中生活，但这并不妨碍他们与天帝的沟通。

那时的人们认为，天与地的沟通会产生一种神秘的力量，叫作“道德”，人们只要按照道德做事，就会风调雨顺、万事顺意。而周王和诸侯国的国王也可以与祖先和神灵在宾宴仪式上共同进餐，以得到道德的加持和祖先的护佑。在祭祀时，生者因不忍见到至亲已经不在的现实，会以活人“尸”代表逝者接受祭礼，还要给其敬酒上饭，让其享用祭品。代表逝者的“尸”一般是逝者的嫡孙。《史记·龟策列传》记载的“载尸以行”，就是指后世的嫡亲手持“神主牌”巡行、祭祀，以赞颂和宣扬祖先的开拓之功。

“周朝每五年举行一次特殊的宾祭，邀请自然神灵和祖先参加一场盛大的宴会。连续十天，宫廷里做好准备，斋戒、清扫宗庙，将祖先牌位从壁龛中取出，竖立在王宫庭院中。到了盛宴当天，君王和王后分别步入庭院；随后，分别扮演祖先的王室年轻成员由一位司祭引导，被护送到他们的位置上，人们虔敬地向他们致意。为向他们表达敬意，牲畜被宰杀，而当烹煮牲畜的肉时，司祭们跑着穿过街道，召唤那些游荡的神灵去参加盛宴，他们喊道：‘先祖是皇，神保是飨。’盛大的宴席间有优美的音乐，每个人都以最规范得体的礼仪参与其中。宴会即与祖先共同进行的圣餐，祖先会神秘地附在他们年轻的子孙身上。宴会结束之后，人们以圣歌赞颂祭典的完美：‘礼仪卒度，笑语卒获。’（出自《诗经·小雅·楚茨》，意为礼仪完全符合规矩和法度，谈笑有分寸且合乎时宜。）每一个面部表情和肢体动作，以及人们在宾宴中所说的每一句话都是规定好的。参与者将他们自身的个性置于脑后，遵从宗教仪式的理想世界。‘我孔熯矣’他们继续唱道，‘式礼莫愆。’意思是因为祭祀中我们极其恭谨，所以礼仪周全没有毛病。”①

中国人从那个时候就已经意识到祭祀祖先的作用远比神灵的操纵更为重要，祖先的行为和教诲是今天治理国家和管理家族的主要依据和法规。

《礼记·郊特牲》说：“万物本乎天，人本乎祖”。周朝的“敬天尊祖”就这样成为中华文明的伟大成就之一，也成为孝道的初始观念。

在古代中国人的精神世界里，从伏羲女娲、各路神仙到帝王先贤，再到刺客忠臣、孝子烈女，都井然有序地排列着，构成了中华先民的世界观。殷商后期，“孝道”观念开始出现，从最初的祖先崇拜，到“修宗庙，敬祀事，使民追孝”的文化大行其道。到周朝时，宗族组织和国家组织合而为一，宗法家族制度成为社会的主要组织形式，以自然血缘关系为基础的家庭伦理道德开始形成，“善事父母”成为道德评判的标准。在历经了西周兴盛、春秋战国完善、汉代的政治化、魏晋南北朝的深化、宋明时期的极端化和近代的变革后，孝道逐渐成为一种文化体系，成为中国传统文化的核心元素。

① [英]凯伦·阿姆斯特朗：《轴心时代》，孙艳燕、白彦兵译，海南出版社，2010年，第85页。

三

荷兰女作家余望安在得知自己的曾祖姓曾之后，按家族族谱记载的迁徙路线，找到了自己的血脉之源——福建漳州龙海市厚宝村。这里是曾氏后人南迁的最后落脚处。

曾氏的迁徙发生在公元 10 年，那一年，王莽篡汉[①]，天下大乱，曾子的十五世孙曾据为了避祸，辞去官职，拖家带口率领两千余人的庞大家族从山东嘉祥南下江西吉安。唐朝末年，在又一次天下大乱的时候，曾子的第三十六世孙曾延世率族人迁徙入闽，成为龙山派曾氏一世祖。到了 19 世纪，曾氏的一部分族人移民到印度尼西亚，另一部分则继续生活在漳州。余望安的祖先曾建中从福建下南洋，前往印度尼西亚谋生，然后又流落各地，甚至远达荷兰……

像一片飘零的树叶与千年的参天大树对视，当余望安来到漳州，站在故乡的土地上的时候，她感慨万分地说："哇，这就是中国。这对我来说是一个神奇的时刻，我感觉非常放松，我只要很短的时间就感觉舒服起来。虽然那些跟你接触的人和你只有基因上的关系，但是我还是有了归属感，他们的脸庞被这种接触点亮了。是我们对来自中国祖先的好奇把我们带到了这里，感谢古老的中国文化传统为子孙后代保存了我们的族谱……"

是族谱让已经成为荷兰人的余望安落叶归根，中国的族谱对人类学而言，不能不说是一大奇迹。

中国的宗法制和族谱是世界文明史中的奇观。

---

① 王莽（公元前 45—公元 23 年），魏郡元城人（今河北邯郸大名县）。王莽为西汉外戚王氏家族的重要成员。西汉末年，在汉哀帝早亡、皇权旁落的情况下，王莽乘机窃取大权，于公元 8 年 12 月，建元"始建国"，宣布推行新政，史称"王莽改制"。王莽统治末期，天下大乱。公元 23 年更始军攻入长安，王莽死于乱军之中，新朝灭亡。王莽共在位 16 年，新朝也成为中国历史上的短命朝代之一。

随着时间的流逝，宗法制已经消亡，但是族谱和孝敬的观念顽强地传承下来。族谱就是历史，那上面的每一个名字都代表一个鲜活的生命、一段奋斗的岁月、一些有关爱恨情仇的故事；族谱就是血脉，那上面的每一个名字都是你的祖辈，爷爷的爷爷，奶奶的奶奶，他们的生命总会在血脉的大河里与你相会交融；族谱就是孝道，那上面的每一个名字都会语重心长地告诉你如何做一个好人、一个有用的人、一个有道德的人，让你究天人之际，通古今之变。

第二课

父母是我们生命中的贵人

——没有父母，我们的灵魂无处安放

一

古老的东西总会让人停下脚步。

距离印度东部城市加尔各答607公里，有一个名叫菩提迦耶的地方，这里是佛祖释迦牟尼的悟道之处，也是佛教信徒心目中最神圣的地方。

二千五百多年前，29岁的释迦族太子悉达多在一次出游时目睹了世间的生老病死，欲寻求解脱之道，有了出家修行的念头。他放弃了王子的地位，云游四方，师从阿罗逻迦罗摩和乌陀迦罗摩学习禅定，以求解脱，终无所得。后又改修禁欲苦行，在森林里苦修了六年，虽然形容枯槁，精疲力竭，但还是未悟得解脱之道。一天，他到尼连禅河中沐浴时饿昏了，在接受牧羊女奉献的乳粥之后，渐渐恢复了体力。他意识到苦修并不能证道，于是放弃了苦修，来到菩提伽耶，在菩提树下打坐禅定，在一个月圆之夜目睹明星而顿悟证道，被人们尊为佛陀。此后，他的足迹遍布恒河流域，他向各阶层说法教化，引导人们应对世间的苦难，领悟生命的真谛。

在释迦牟尼圆寂二百五十年后，孔雀王朝的阿育王来此朝拜。他早先是个杀人如麻的统治者，以占领土地、获得牛羊为傲，后来，他信奉了佛教，创造了古印度历史上最强盛的时代。他在释迦牟尼领悟证道的菩提树下安置了一块金刚座，兴建了一座塔。

又过了一些年，锡兰（今斯里兰卡）国王出资在这里兴建大菩提寺，重修了正觉塔。

因为释迦牟尼的缘故，我曾四次到菩提迦耶参拜学习，还去了附近的灵鹫山和鹿野苑。一进入菩提伽耶，就仿佛割断了红尘的羁绊，古老的菩提树浓荫蔽日，已经干涸的尼连禅河变成了芳草如茵的河谷，不远处风铎叮当，佛塔庄严。

我开始回忆释迦牟尼的一生。

释迦牟尼出生在二千五百多年前的古印度。古印度当时是一个区域的名字，就跟我们所说的东南亚、南亚差不多，它包括今天的印度、孟加拉、巴勒斯坦、尼泊尔等国家，由无数个城邦和民族组成。它的名称来源于印度河的梵语名。中国古人称印度为“羌独”“天竺”“身毒”“贤豆”，唐玄奘到印度求学时，根据当地发音，固定了“印度”的称呼。

释迦牟尼是一位反对压迫、倡导众生平等的智者，他与中国的孔子是同时代人，身份也相似，都是流浪的思想家，为了传播世间的真理，到处游说，忍受着不被理解的苦闷。当孔子在黄河岸边望着滔滔的河水感叹“逝者如斯夫，不舍昼夜”时，释迦牟尼正盘腿坐在恒河流域的菩提树下苦思冥想。

智者总是孤独的。这位大觉者在短暂的人生舞台上，扮演着孤独的思考者的角色。这是一种没有回声的孤独，他为人间而思，为度众生而行。

在一次次沮丧、失意、不被理解、难以沟通的痛苦中，在寒冷、酷热、漫长得无以复加的长路上，他不屈不挠地向学生和民众讲述对世界的理解和对人生的看法。他的思想像野草的种子一样，随风飘荡，有的落地生根，艰难地生长，有的则烟消云散，不知所终。当时没有人能想到，他的智慧最终奠定了佛教文化的基石。而佛教文化后来又与孔子创立的儒学相互交融，成为中国文化的重要组成部分。

二

我面对着菩提迦耶的菩提树，回忆释迦牟尼一生的时候，得出了一个结论，佛陀也是一位孝子。

作为人类文明的导师，释迦牟尼和孔夫子，都教导人们要孝敬父母。

释迦牟尼的孝道，从他人生的五个方面展现出来。

其一，出家不为己，大孝为天下。

有人会问，释迦牟尼是出家人，连家都不要了，怎么能说他是孝子呢？

其实，舍俗出家，表面上看起来是背井离乡，割爱辞亲，实际上，行的是一种大孝，所以佛说：“一子出家，九族生天。”不但报答父母今生的恩德，而且报答生生世世的亲恩，使九族之亲都能够以慈悲的态度对待人生，这是多么大的孝道啊！

生与死的问题，是人类的终极问题。从人们有了意识开始，就一直困扰着人类。人们一出生就面对着死亡，可谓向死而生。每个人都面临着人生的终极问题：你是谁？你从哪里来？你到哪里去？

中国历朝历代的帝王，为了长寿个个都不惜财力，用尽手段，绞尽脑汁寻找“长生术”：秦始皇不远万里，几次到东海和泰山“求仙”，结果死在路上；汉武帝做“长生梦”被骗子骗了一轮又一轮；唐太宗吃“长寿神丹”中毒身亡……

释迦牟尼正是因为思考生死问题，希望找到答案，才选择了出家。据说，当他开始思考人世间苦恼现象的根源时，他看到了四种景象：一个无依无靠的可怜老人度日如年；一个瘦得皮包骨、极其不幸的人正饱受疾病的折磨；一队悲痛的人抬着亲人的尸体去火化；一位出家人，安静、沉着、超然和自立，正在寻求解决生命之谜的答案。这些景象，深深地触动了他。他的内心召唤自己要为一切苦恼众生服务，探求解脱生、老、病、死之苦的方法。

他看到生命是变幻无常、无穷无尽的死亡不是消失，而是进入新生的另一扇门。生，未尝可喜；死，也未尝可悲。生也未曾生，死也未曾死，生死一如。

因为有了死，人才会在有限的生命里不断精进，才有了对人生意义的追问，用慈悲发现生命之美，感悟生命之美。

他又告诉人们要超越生死，超越无常，求得解脱，不执着于生也不执着于死，而是将生死看作统一的有机结合体。正如传说中的凤凰，集香木以自焚，涅槃就是重生。

这就是释迦牟尼在菩提树下领悟的生与死。

佛教文化这种豁达大度的生死观是东方文明对世界文明的一大贡献，超脱生死的释迦牟尼用他的般若智慧影响了世界，教育了众生，为父母尽了大孝。

其二，肚饥要吃饭，有病要吃药。

悉达多向世间所有的“成就者”求学，尝试了所有的苦修方式。他六年没有洗澡，每天只吃一麻一麦，手摩胸腹，能触背脊。因为饿得要死，反而妨碍了他寻找真理。他意识到，过度享受无法解脱，但是一味苦行也没有办法进入大彻大悟的法门。于是他下河洗去身上的污垢，喝下牧羊女送来的乳糜，恢复体力后才继续修行。

佛陀在晚年以身体出现疾病的方式提醒弟子们时刻不要忘记无常。

《维摩诘经》里讲过一个故事，佛陀生病了，需要喝牛奶，佛陀的弟子阿难托着钵去富贵人家化缘。他走到居士维摩诘的门口讨要。维摩诘是古印度有名的智者，也是一位富豪，家里奶牛成群。但是，能言善辩的维摩诘不仅不给他牛奶，还把他羞辱了一通。维摩诘说，佛陀是金刚不坏之身，一切的恶果已经断尽，汇集了一切的功德善行，怎么还会生病？怎么会有烦恼？你阿难是佛的大弟子，又是佛的堂兄弟，怎么能毁谤佛呢？

阿难一听，心生惭愧，无言以对，正想转身离去，忽闻空中传来佛陀的声音："阿难，这位居士所言千真万确，佛是不会生病的，但佛的肉体脱离不了生老病死，佛陀是为了救度浊世众生而示现生病的，所以，你还是继续去取牛奶吧。"

这两个故事暗合了孔子的教诲："身体发肤，受之父母，不敢毁伤，孝之始也。立身行道，扬名后世，以显父母，孝之终也。"

我们的身体，每一根头发，每一寸肌肤，都是父母给的，要爱护它，不能毁伤，这是孝道的开始。按正确的原则做人做事，名扬后世，让自己的父母也美名远扬，这是孝道的最高境界。

其三，娶妻生子，孝敬父母。

释迦牟尼的前半生跟普通人一样，上有高堂，下有妻儿，过着正常的家庭生活。但是，他的慈悲心肠和醒世的决心，促使他牺牲尘世间的幸福，出家去寻找生命的永恒真理，但当他离别自己熟睡的娇妻和儿子、年迈的父王和姨母时，心中很不舍。此后的想念也使他悲伤和心酸。

释迦牟尼悟成正道后，并没有忘记家人。他的父亲净饭王病重时，他返回家乡，赶到王宫探望父亲，为父亲说法开示整整七日。净饭王过世后，他悲伤难忍，亲自为父王抬棺。佛陀的母亲摩耶夫人在生下佛陀七天以后就往生了，在佛陀的传记资料中，此后摩耶夫人还出现了好多次，例如释尊出家初期，修持极为精进艰苦，身体衰弱得将要倒下之时，摩耶夫人从天而降，探望慰问。释尊成佛后，来到天界为母亲摩耶夫人说法。中国最流行的一部《地藏菩萨本愿经》，即是佛陀为摩耶夫人说法的大乘经典。这部经典里有两个救母的故事，可以视为佛教中的《孝经》。

佛经上说："人有父母，不可不孝，道不可不学。"佛陀的所作所为证明，学道和慈孝并不相悖，学道有成而后普度众生，这是真正的大慈大孝。

其四，老了会圆寂，安然去"涅槃"。

释迦牟尼从来不把自己装扮得无所不能，而是老老实实地承认修行有痛苦，有失败，有纠结，有无奈，有死亡，真实地展现出一个觉悟者的经历。特别是在面对死亡时，豁达大度，安然接受。

有一个老妇人死了儿子，伤心欲绝地哀求释迦牟尼救活自己的孩子。

释迦牟尼听了老妇人的要求之后说："我可以让你的孩子复活，但是你需要做一件事，你到城中随便一户人家去要一粒芥菜籽。但是记住，那户人家一定是从未死过人的。"

老妇人于是昼夜奔忙，叩求芥菜籽，但她遍求邻里和每一户人家，发现没有一户人家不曾死过人。老妇人蓦地觉悟到：死亡是人人必经的过程，即使人害怕死亡，也不能因此而免于死亡。

释迦牟尼讲这个故事是告诉众生：死亡是人人都必须面对的事实，无论是富贵贫穷、智慧愚钝，都逃脱不了死亡。他自己也不例外。到81岁的时候，他信徒成群，声名远播，伟大的智慧造福了众生，然而，衰老也悄悄降临。此时的释迦牟尼已经在精神上超越了生死和苦痛。

在他预感到自己即将往生的时候，他走到河边，洗了澡，躺在娑罗树下，枕着右手，闭上双目，安然“涅槃”。弟子们看到他圆寂时像睡着一样安详，并没有“盘腿坐化”“立脱而亡”“白日飞升”“化光而去”那些玄虚之像。

释迦牟尼像凡人一样在世间活着和死去，不像耶稣那样死而复生，也不像道教的神仙那样长生不老。他坦然面对死亡，告诉我们人生的真相，让我们知道世间万象，山河大地、花草树木、一人一物，都是因缘和合而生，也将随着因缘尽而灭。

其五，四大皆空善不空，六根清净孝为根。

有人可能会疑惑，出家人四大皆空，六根清净，释迦牟尼为什么还要提倡孝敬父母呢？

其实，四大皆空善不空，六根清净孝为根。

四大皆空是说一切如过往云烟，一切都是变化无常的，时间一过，就会烟消云散。而善行、善念和慈悲则是永恒的，它像太阳一样高悬天际，始终受到人们的景仰。

六根清净是佛教所指远离烦恼的一种境界。人的“六根”：眼、耳、鼻、舌、身、意会不断感知周围的信息，被各种诱惑吸引，所以人很难达到专心致志的境界。但是，孝道是佛法的根。就像一棵菩提树，孝养父母是总根，佛法是从总根生长而来的。佛法是师道，师道建立在孝道的基础上。人懂得孝亲，然后才知道尊师，所以好的教育还是要从孝亲尊师上去下功夫。

佛说，“人身难得”，所以我们要好好地珍惜生命、善待生命，孝敬尊长，爱护弱小。

佛说："不孝父母，不敬长老，一者常得恶梦，二者为人所憎，三者恶名闻于世间。"

佛说，敬天地敬鬼神，都不如孝敬自己的父母，父母是最大的神，敬父母才能得到神的护佑。

这五个方面，是释迦牟尼的思想最打动我的地方，他用行动证明了自己是一个孝子，也因此受到人们的崇拜。

三

释迦牟尼用行动证明了自己是一个孝子，但是，有一些信奉他的人却把他当成了神，天天顶礼膜拜，把敬神求福当成了人生的目标，这就把路走偏了。释迦牟尼开导人们，父母在家里是两尊活佛。你天天拜泥塑木雕的佛，却对活佛视而不见，你怎么会有成就？如果你对佛的恭敬之心超过了对父母的恭敬心，那说明你没有尽到做人的本分。人生天地间，首先要把人做好，如果连人都做不好，佛陀怎么会喜欢你、护佑你呢？

关于父母是活佛的故事，我听到过一个很有意思的传说。说的是中原一带有个农家孩子名叫齐良，生得仪表堂堂，非常俊秀，可谓"相如秋满月，眼似青莲华"。父母对这样的孩子自然疼爱有加，捧在手里怕摔了，含在嘴里怕化了，娇惯得很，可是，他的家境却不太好，吃的穿的都比不上富人家的孩子。这让齐良很不爽，天天耍脾气，抱怨父母没本事。父母不敢辩白，只能暗自垂泪。

一天，有个化缘的僧人路过齐良的家，齐良想求福求富贵，就把自己的心愿告诉了僧人，还一个劲地抱怨家里的经济条件让他没心思读书。

僧人听了，告诉他百里之外的嵩山里有一座古寺，香火很旺，如果大年初一这一天他能去那里烧到头灶香，就会开悟得道，功德无量。

齐良一听，两眼放光，仿佛看到了时来运转的希望。于是他就在大年初一背着干粮，兴致勃勃地去嵩山烧香。可是到了古寺一看，心里凉了半截，原来他起床太晚了，古寺信徒很多，头灶香早就烧完了。齐良暗暗叫苦，责怪自己的心不诚，还埋怨父母没有早点叫他起床。决定明年要起得更早来抢头灶香。

可惜时运不济，齐良也不争气，不是走错路，就是崴了脚，他连续朝圣 17 年，每年都没争到头灶香。到了第 18 年，齐良年过三十，还是白丁一个，他赌了一口气，今年一定要烧到头灶香。于是，他在大年三十那天下午就上了嵩山，心想："今天我就住到这儿，排到第一位，非烧到头灶香不可。"

齐良躺在大殿门口等着。不一会儿，天黑了，又饥又冷的齐良昏昏沉沉地睡着了。睡梦中，他看到一个须眉皆白的长者用拐杖敲了敲他的腿，问道："年轻人，你可是来烧头灶香的？"齐良一骨碌爬起来应道："正是。您能有办法让我烧到头灶香吗？"老者答非所问，对他说："你百里来烧香，不如在家敬爹娘。"说完，人就不见了。

齐良猛地醒了，四下看了看，一个人都没有。时辰还不到，他就继续等，结果又迷迷糊糊睡着了。这次他梦到一个手执拂尘的老婆婆俯下身子对他说："你朝嵩山十八朝，不如一个马力高。"

齐良再次惊醒，他起来绕着大殿转了一圈，还是一个人没有。他想，我从来不认识名叫马力高的人，我不信天下还有比我更虔诚的人。看了看天，觉得时辰快到了，他不敢再睡，半躺半坐地靠在那儿想心事。迷迷糊糊地，他又做梦了，这次是一个穿黄色袈裟的僧人过来对他说："你这么辛苦来烧香，不就是为了拜佛吗？我告诉你，你往回走吧，如果碰到一个反穿棉袄、趿拉鞋的人，那就是活佛。”

齐良一睁眼，天已微明。因为做梦，错过了时间，头炷香又被别人抢先一步烧了。

齐良垂头丧气地往回走，抱怨自己不该做那些乱七八糟的梦。他想起第一个梦，不屑地说：“百里烧香为悟道，孝敬爹娘能悟什么道？”他远远地看见一个小饭馆，立刻觉得又累又饿，就走进去说：“掌柜的，给我烙个饼。”

饭馆老板抬头看了看齐良，爽快地答应了一声，手脚麻利地开始烙饼。很快，饼就烙好了，香气扑鼻。齐良咽了咽口水，站起身准备去拿饼吃。没想到饭馆老板不理会他，端着饼一撩门帘进了后屋。出来之后老板又开始煮粥，粥的香气让齐良更饿了。他想，没有饼吃，喝碗热粥也很不错，就四处找碗。可是，刚才的一幕又重演了：饭馆老板把煮好的粥又端到后屋去了。齐良很生气，心想：“我来你这里吃饭，又没有其他客人，你做好了饭却端到后屋，是什么意思？”齐良忍住气问：“掌柜的，你为什么要慢待客人呢？我并不欠你的饭钱，可是你的饭做好了却不让我吃。”

老板笑盈盈地说：“就是佛祖来到我这儿，今天的第一个饼、第一碗粥他也吃不上。”

“这是为什么呢？”

“山高高不过太阳，人大大不过爹娘，我这儿每天的第一个饼、第一碗饭都要送给里屋的老娘吃，孝敬老娘比挣钱重要呀。”

齐良想起昨晚第二个梦中的白发老婆婆，就问：“你叫什么名字？”

“我叫马力高。”

齐良这才明白，原来这是观音菩萨在点化他：你辛辛苦苦十八年来嵩山朝拜，功德却没有一个在家孝敬母亲的儿子大。

齐良从小就被母亲溺爱，稍不顺心就对母亲发脾气，眼前这位孝敬母亲的厨师让齐良陷入深深的自责。

百十里路，齐良走到深夜才到家。明月高悬，万籁无声，家人睡了，门也推不开，他一急，又犯了脾气，用脚咣咣地踢门。

齐良的母亲从睡梦中惊醒，一听是心爱的孩子回来了，慌忙翻身下床去开门。忙乱之中，她身上的棉袄穿反了，趿拉着鞋子就跑了出来。开门后，她摸着齐良的脸问道：“孩子，你吃饭没有？饿不饿啊，累不累啊？”

齐良看着母亲蓬乱的白发，听着她疼爱的声音，忽然想起第三个梦，明白这是地藏王菩萨在点化他：如果碰到一个反穿棉袄、趿拉鞋的人，就是活佛。

齐良当场给母亲跪下了。他抱着母亲趿拉着鞋子的脚，回想起自己以前不敬父母的种种行为，痛哭流涕。他明白了，在嵩山那晚做的第一个梦是佛陀在点化他：好好孝敬父母才是人生最大的功德。

佛陀只度有缘人。你把财物施舍给他人，得到内心的安宁，这就是发财；你把善心献给他人，得到众人的拥戴，这就是智慧；你把孝敬供奉给父母，得到的是处世的品德，这就是立身之本。

四

我自身的经历也让我感受到了父爱母爱的伟大与力量。

我出生在河南登封马庄村的一个贫困之家。从小家徒四壁，无三日之粮；我喜爱读书，却日日为学费发愁；出门在外，因衣衫褴褛被人嘲笑。这让我产生了强烈的叛逆心理，成为一个“不肖子”。我因为受不了嘲讽，把一碗热汤扣到了同学头上；我参与械斗，导致一个老人眼睛受伤；我还自称“义盗”，为了帮助穷朋友娶上媳妇，黑夜去割生产队的庄稼……

对于我的顽劣，我的母亲费尽了心思，用的是中国传统的老办法，一是劝诫，二是痛打。记忆最深的一次，是我在不到十岁时无缘无故地奚落一个所谓出身不好的老人，正好被母亲撞见，母亲认为晚辈无故欺负长辈，是“坏良心”，关起门用笤帚痛打我。母亲打我下手很重，只要逃不脱，我的屁股一定会肿得老高，睡觉都得趴着。

母亲心地善良。记得有一年春天，村里来了一个要饭的女人，腿被狗咬了，流了好多血。母亲扒开围观的人，一手搀着那女人，一手拉着她的孩子，来到我家的磨坊屋，让她住下。每顿饭都会从锅里把本来就不够吃的饭盛一碗给那女人端去，还找了草药给她治伤，直到他们缓过劲来，一瘸一拐地离开马庄。

我肚子饿，生气地问母亲：“又不是咱家的狗咬的她，为啥要给她送吃的呀？”母亲说：“咱少吃一碗饿不死，她这几天不能要饭，那孩子可能会饿死呀。”

母亲让我懂得，人活着是要讲良心的，不能欺负弱者。

如果我没有受伤，我可能永远都不会知道母子之间血脉的联系有多多深厚。

我 30 岁的时候，在县城当电工，因抢修线路时意外从电线杆上跌落受伤，变成了一个高位截瘫的病人。摔伤后，娘陪我在县城和洛阳白马寺骨科医院住了两年，花去了家中所有的积蓄，但没有任何效果。那段时间，我的肉体在生死之间挣扎，大小便经常弄得浑身都是，严重的褥疮让我高烧不退，我尝到了生不如死的滋味。更令我难过的是，我的家庭也陷入了危机：父母年过六旬，三个未成年的女儿需要她养，妻子除了下地劳动挣工分，照顾一家人的吃喝，还要洗被我的屎尿弄脏的衣服被褥，最后她实在无法忍受这些重压，提出离婚。我听了她的话，气晕了头，因为妻子几年前患败血症，为了救她的命，我变卖光了家产，多次去卖血换医药费。没想到她如此绝情。

我的精神垮了，几次尝试自杀。喝农药、绝食、从床上往下滚……

但是，娘却冷静而大度，她说："你媳妇容易吗？一个女人要养活六口人，家里地里，风里雨里，现在都是她一个人担，如果你媳妇走了，咱们这个家就真垮了，孩子们能不能活下去都是问题。"

为了留住媳妇，娘想了一个办法，由她带着瘫痪的我离开家上嵩山，以减轻媳妇养家糊口的负担。

我说："那也中，省得我死在家里丢人现眼。"

母亲哭着对我说："你要是死了，我也没法儿活了，我这辈子什么都不要，只要我的儿子。"

谁能知道，母亲这句话给了我多少安慰、多大的勇气！

这句话，我此生永难忘怀，无论在睡梦中还是在回忆时，只要母亲的这句话在耳边响起，我都会热泪盈眶，不能自已。

母亲带着我来到嵩山深处的山洞和废弃的寺庙度日。①

七年时间，二千五百多个日夜，我与母亲住在大山深处。我们缺食少穿，被人驱赶，甚至要和猪抢食，与狗争饭，那滋味真是求生不能，求死不得。记得我们第一次在没有门的石洞里过冬，我冻得浑身发抖，嘴唇乌青。这时候，60 岁的母亲挨着我躺下，解开怀，把我毫无知觉的

① 延佛摔伤的时间是 1977 年。那个年月，登封山区的农民一般是不会进城花钱看病的，如果得了特别严重的病，病人付不起医药费，医院就会让病人回去。延佛因治病花光了积蓄，只能躲进深山听天由命。后来，延佛母子采集草药，用祖传秘方为穷人治病且不收钱，在嵩山有了名气，靠求医者米面接济活了下来。他们后将废弃的破庙"老母洞"、"莲花寺"改造成了能烧香能看病的处所，生活才有所改观。

冰冷的双腿放在她的肚子上。那一刻，我忍不住哭了。母亲十月怀胎，把我孕育出来，三十年后，本该由我来供养和照顾她，可是，我却什么也做不了，反而是她依然用她最温暖的地方温暖着儿子。母亲这样做的时候，坦然、平静，她只有一个愿望：必须让儿子活下去。后来，我因为严重的褥疮，屁股上烂了两个大洞，十个脚趾乌黑溃烂，经常高烧不退。母亲没办法，只好咬着牙，哆哆嗦嗦地把剪刀伸到我的伤口里，把烂肉一点一点剪下来，让新鲜的肉露出来，然后涂上自制的“灵药”。经过一年多的治疗，把我从死亡的边缘拉了回来。

母亲搂紧我双腿的那一刻，为我剪除褥疮里烂肉的那一刻，我不再绝望、抱怨。我刻苦攻读了大量的医书，在嵩山里行医行善，经过十多年的奋斗，终于成就了一番事业。

常言说，女本柔弱，为母则刚。母亲在旁人看来就是一个农村妇女，但在我眼里，她是世界上最伟大的人，她用永不放弃的爱给了儿子第二次生命。

遗憾的是，母亲没能看到我创下的事业，也没有过上衣食无忧的日子就离开了这个世界，离开了我。

这件事成为我此生最大的遗憾。

我的父亲 3 岁时死了娘，7 岁时死了爹，孤苦无依，靠同族人接济为生，跟着我大伯长大。但他人穷心善，全国快解放时，兵荒马乱，他放羊时拣了一大布袋钱，蹲在树下等了半天，直到失主找来。我小学二年级时，村里有个人跳村南边的黑龙潭寻死，我爹二话不说，跳下去把他救了上来。那人被救醒后反而骂我爹多管闲事，我爹说：“人的命比啥都贵重，你死到这潭里，你爹娘咋活？全村人咋吃水？”我爹为了安抚他，还把身上仅有的五毛钱掏出来给他。要知道，那时我上一年学，爹才舍得让我花两毛钱。还有一次，我爹上山砍柴，听到有人呼救，他看见同村的尚纯俭摔到了深沟里，头上有个窟窿，血流了一大摊。跟尚纯俭一起的几个人都吓傻了，站在那儿喊救命，谁也不下沟救人。我爹拽着树枝茅草下到沟底，把自己的蓝布小褂脱下来，把尚纯俭的头包扎好，背着他从沟里爬了出来。

我爹说："救了一个人，也等于救了人家的爹娘，咱自己没爹没娘，光想叫天底下的爹娘都过得自在舒心。"

父母是我的榜样，是我终生倡导孝道的原因和动力。

大家可以想一想，我们的身体从何而来？

我们的生命是父母生命的延续，是父母精血的升华。

父母给了我们生命，给了我们一个身体，给了我们安放灵魂的地方。

我们原本只是父母身体里的一个细胞，当细胞不断分裂、发育，成长为胎儿后，母亲又用一根脐带与我们相连，供养我们所需要的一切。这时候，母亲的身体与我们的身体是一体的，我们相依为命，她的命就是我们的命，我们的命就是她的命。

待到生产时，母亲就像是进了次"鬼门关"，千百种的危险、千百种的痛苦，谁也帮不了忙，只能由母亲一人承担。所以有人说，母亲生孩子，孩奔生，母奔死。"我快死了，我要死了"这是许多母亲在生孩子时的切身感受。

孩子呱呱落地，不会说话。孩子想要什么，哪儿不舒服，全靠母亲对孩子的心灵感应。母亲对我们的一颦一笑，一举一动，一个眼神，一声啼哭都能心领神会。

正因为母亲对孩子的了解从胎儿时期就开始了，所以，母子情结是一条不可分割的纽带，这种信赖感是任何情感都无法替代的。

除了给我们生命，父母还教我们安身立命的爱与品德。父母之爱是人类之爱的源头，它不需要誓言，不需要供养，不需要报答，只讲究付出，把一颗向善的种子埋在你心底。可以说，你的一切福报、一切成功、一切好运，都来源于父母打下的根基。

如果你想找到人生的贵人，那么我来告诉你，他们就在你的眼前、你的身边，他们是你的生身父母。无论你贫穷还是富有，无论你聪慧还是顽劣，无论你是平民还是权贵，无论你成功还是失败，无论你远走还是归来，始终不离不弃的永远是你的父母。也许他们卑微，也许他们土气，也许他们无知，也许他们让你觉得丢人，但是，正是他们的艰难磨难，他们的善良、真诚，让你的梦想和事业有了根基，有了温情，有了开枝散叶的空间，他们发自灵魂深处的善良与无私，使他们变得伟大，散发着神的光辉。

报答养育之恩是我们人生向善的第一步，也是我们成功的第一步。

第三课

不孝之子要入刑

——说说中国孝道文化与法律的关系

一

不孝之子要入刑，这是中国传统文化独有的法规。

当世界上许多地方还处于敬神崇鬼的蒙昧时代时，中国人已经有了更高级的思想，他们认为，美德比超凡神秘的能力更重要。研究世界历史的学者认为，中国人的这个看法，是公元前 800 至公元前 200 年最深刻的洞见之一："人们不应当崇敬一个仅仅是祖先却过着不道德的生活的人，而应当尊重功勋卓著的人。"①

在将近三千年孝道文化的浸染下，"孝"已经成为评判一个人的人格和品德的主要依据，中国人很难承受"不孝"的谴责和舆论压力。

先说一个我亲身经历的故事。1994 年冬天，有个老者来见我，他穿得破破烂烂的，人瑟瑟缩缩的，见面他就下跪。

我说："你快起来，有事慢慢说。"

他说："我的四个孩子都嫌我是累赘。"

这位老者姓焦，70 岁了，是登封城十里堡人，老伴死得早，一个人把四个孩子拉扯大，两儿两女都成家了，却都嫌他分家不公不跟他过。

焦老头说："我都这把老骨头了，他们不养我还气我。我有病，找他们要钱看病，他们说我是该死的人了，还看啥病？"说着，老泪纵横。"我现在啥牵挂没有，就想在清净的地方混口饭吃，早点让阎王收了，一辈子生儿育女太没意思……"

我说："你现在啥都别想，我先安排地方让你住下，你这件事我给

① [英]凯伦·阿姆斯特朗：《轴心时代》，孙艳燕、白彦兵译，海南出版社，2010 年，第 39 页。

你管。”

我派人上十里堡把他的四个儿女都请了过来。

过了几天，四个人来了，穿戴很整齐，不像是家庭条件不好。

我说：“咱素不相识，今天把你们兄妹叫来，是因为你们的爹不想活了，你们知道不知道？”

四人都不说话。

我问：“你们的娘去世多少年了？”

老三闺女接话：“俺娘去世二十八年了，那会儿我刚上学。”

我说：“你们的娘走这么早，你们的爹辛辛苦苦把你们拉扯大，现在你们不管他，逼得他没办法上庙出家，你们做儿女的也太不孝了。”

一听说“不孝”二字，四个人急了，都解释。有说父亲事理不明，分家不公的；有说自己家负担重，顾不上的。老二说：“师父，你不知道，俺爹这么大年纪了，还想着找个老伴，丢死人了。”

我一听他家的家务事是一笔糊涂账，但是不赡养老人总是不对。我领他们四人来到一个房间说：“你们看看墙上的二十四孝图，羊羔都知道跪乳，老鸦都知道反哺。你们自己也是当父母的人了，也有老的一天，要是儿女以后这么对你们，你们心里啥滋味……”

焦老头站在旁边抹泪，他的俩闺女也哭了。哭到最后，四个人都跪下给自己的父亲磕头，表示一定悔改。最后，焦老头跟着儿女回家了。

孝是人的本分，但是，子女不孝的事现在很常见。有时候我在街上看见要饭的老头老太太，心里感慨不知道他们有没有儿女，如果有儿女还让父母落到这一步，真是该下地狱。《长阿含经》里说：“众生能为极恶，不孝父母，不敬师长。” 在中国的传统文化中，不孝父母是要治重罪的。孝道被当作中国传统文化的核心价值观，一句“不孝”的谴责，差不多就是对这个人的全盘否定和最严厉的咒骂。

不孝会被送官，会被治罪，在中国历朝历代都是天经地义的事儿。

伦理就是法，法就是伦理，这是中国古代独特的法律意识。

吉林大学教授任喜荣说，法律与伦理的紧密结合，使中国古人过着遵循“礼”的生活而不是遵循“法”的生活，“法”被视为保障实现“礼”的手段，因此，任何违法的人同时就是违礼的人，“违法”本身首先是一个道德的评价，其次才是一个法律评价。在古代中国人的秩序观中，“礼”是以“修身”为基础的，“违礼”当然也需要首先通过“修身”来改变被破坏的社会关系。总之，按照这一逻辑，法律的问题在中国古人的观念中就是一个道德的问题，法律意识其实就是道德意识。对普通人而言，守德才能守法，对执政者而言，“为政”必须“以德”。[①]

二

中国最早对“不孝”治罪的法规可以追溯到四千多年以前。夏朝时，“五刑之属三千，而罪莫大于不孝”；殷商之时，“刑三百，罪莫重于不孝”。到了周朝，已经可以从相关的文告中看到更加详尽的论述。比如《周书·康诰》，表面看是周成王任命康叔封治理殷商旧地民众的命令，实则是阐述了一种治国理念与规则。

周成王姬诵（公元前 1066 —公元前 1021 年）即位的时候还不到十岁，他的叔叔周公旦让他坐在自己腿上临朝。不久，他的另外两个叔叔管叔、蔡叔想争夺王位，联合商纣王的儿子武庚，在殷商故都朝歌（今河南淇县）发动叛乱。周公旦率军西出潼关，击败了他们，并代表成王把朝歌分封给了自己的小弟弟康叔。康叔的名字叫姬封，是周文王姬昌

① 任喜荣：《“伦理法”的是与非》，《吉林大学社会科学学报》，2001 年第 6 期。

与正妻太姒所生的第九子，因为他的封地叫康国（今河南禹州西北），故称他为康叔。

康叔参加平叛有功，被授权管理朝歌，康叔赴任时，其兄周公旦作《康诰》《酒诰》《梓材》，作为康叔的治国法则。其中《康诰》被认为是西周的纲领性法律文件。

那一年的三月，春风浩荡，万物生长，周公在洛邑举行新建都城的奠基仪式，宰牛、羊、猪当贡品，立庙祭地。周公向前来祝贺的诸侯和民众大声宣读成王的命令：年轻的封啊，我要把卫国这片土地封给你了，孟侯这个最高的爵位我也封给你了，希望你光大逝去的父亲文王的功德，彰显仁德，慎用刑罚，不能欺侮孤老、寡母，谦虚、恭敬、秉公执法，让人民知道这个国家是公平与正义的，从而创造我们小小的华夏，让我们的大邦、小国都井井有条。

接着，周王告诫康叔要颁布完善的法规使众人信服，要先仁后罚，以德服人。他特别强调了不孝的人比最坏的人还要坏。“王曰：‘封，元恶大憝[①]，矧[②]惟不孝不友。子弗祇[③]服厥[④]父事，大伤厥考心；于父不能字厥子，乃疾厥子。于弟弗念天显，乃弗克恭厥兄；兄亦不念鞠子哀，大不友于弟。惟吊兹，不于我政人得罪，天惟与我民彝大泯乱，曰：乃其速由文王作罚，刑兹无赦。’”

这段话的意思是，万恶之首就是不孝无情。儿子不听父亲的话，伤父亲的心；父亲不愿养儿子，因此憎恨儿子；作为弟弟不知天高地厚，不恭敬兄长；哥哥不讲慈爱，对弟弟很不友好，这就让人悲哀了。出现了这种情况，如果不是管理上出了问题，就是上天要我们人伦大乱。那

①元恶大憝（yuán è dà duì），元恶：首恶；憝：奸恶。指最为人所憎恶的元凶魁首。

②矧（shěn）：也，亦。

③祇（zhī）：表示恭敬。

④厥（jué）：其，他的。

就快快引用文王创制的法律，上刑罚，一律不能赦免。

西南政法大学教授龙大轩认为，周公制礼，以“亲亲、尊尊”为礼之大本，作为立法和司法的根本原则。其中的“亲亲”原则，便是以孝道为核心，教人爱其亲属，尤其是父系尊亲，所谓“亲亲父为大”是也。推而广之，礼敬父兄、追思先祖，普遍为时人所推崇，孝道遂逐渐上升成为礼法的最高原则。

“亲亲”，就是必须爱自己的亲属，要做到父慈、子孝、兄友、弟恭。其核心是孝。“尊尊”，则要求尊重自己应该尊重的人，强调出身地位的尊卑，强调天子、诸侯、各级贵族以至平民之间各自的地位和权利义务，借以形成和巩固等级秩序，不许犯上和僭越，其核心是忠。

“亲亲”“尊尊”在中国法制史上最重要的成就是确立了一整套礼制的规范，借以维护等级社会的秩序。

《周礼·地官司徒第二·大司徒》曰：“以乡八刑纠万民：一曰不孝之刑，二曰不睦之刑，三曰不姻之刑，四曰不弟之刑，五曰不任之刑，六曰不恤之刑，七曰造言之刑，八曰乱民之刑。”

意思是说，用实行于乡中的八种刑罚治理天下：一是处罚不孝之人；二是处罚不和睦九族之人；三是处罚不亲爱姻戚之人；四是处罚不友爱兄弟之人；五是处罚不信任朋友之人；六是处罚不救济贫困之人；七是处罚造谣生事之人；八是处罚企图制造暴乱之人。

到了春秋战国时期，出现了令人痛心的礼乐崩坏的局面，臣弑君、子弑父，为了争权夺利乱杀一气，先后有 36 位国君被杀，52 个诸侯国灭亡。这时候，孔子看不下去了，他确信，这种混乱局面的出现是因为传统礼仪遭到了无情的破坏。

“世风日下，人心不古，主要责任当然应该由国君承担，但是，难道臣民百姓就没有一点责任吗？那些整天摇头叹气认为今不如昔的人，你们内心难道没有狭隘、自私、贪婪和恐惧的念头吗？你们会在邪恶发生时站出来表达不同的声音吗？你们在客观上纵容了邪恶的发生。所以，如果想改变这一切，上至君王，下至百姓，每个人都不要抱怨别人，而是应该改变自己，让自己成为一个有仁爱之心、羞耻之心、能辨别是非的君子，以发自内心的善与爱对待周围的人与事。”

孔子给他那个时代开出的药方只有两个字：孝道。

一个人，要先尽“孝道”，再具仁心，再懂礼仪，再当君子。

要亲近应该亲近的人，尊重应该尊重的人，“君君、臣臣、父父、子子”，君王要有君王的样子，臣子要有臣子的样子，父亲要有父亲的样子，儿子要有儿子的样子，如果恢复这样的等级秩序，国家就可以得到有效治理。

孔子的思想对后代立法有一定的启示作用：

一是把孝道当成治国理政的基础。二是把孝道的要求规定得非常具体，让人容易照着去做。

比如，孝道要求子女谦恭地侍奉父母的饮食，而如今许多子女只是随意地将饭菜摆在桌子上。孔子恼怒地说，许多人把孝单纯理解为赡养父母。狗和马不也有人养吗，如果不尊敬父母，与养狗养马有什么不同呢？孝道不是机械地做做样子，而是要有尊敬与感恩的心。

孔子的徒弟子夏向孔子请教孝的问题。孔子说，他认为，脸色的问题是非常重要的，表情是内心的镜子。人的内心是否善良、孝敬，从脸色上可以看出来，你的姿态和表情代表了你的内心世界，你的心不诚，你的脸上一定不会出现和颜悦色的美丽与动人。难道只是把父母需要做的事情做了，买一些好吃的送过去，就是孝吗？要知道，“仁”之美德，“道”之力量，就是从脸色这样的细节中真实地体现出来的。

孔子让有关孝道的法规有了人情味儿。

孔子之后，人们研读他的学说，诠释他的思想，相继又有《孟子》《礼记》《孝经》等经典著作出现，对孝道理论进行了系统化的整理和完善，对孝道的法律制度也进行了相应的论证和设计。例如，《礼记·王制》说："诉讼时，首先要考虑是否违反父子之情、君臣之义，确认符合宗法制度之后，再进行裁决。"①《孝经》称："五刑罗列的犯罪条例有三千之多，但是没有比不孝的罪过更大的。用武力胁迫君主的人，是眼中没有君主；诽谤圣人的人，是眼中没有法纪；诽谤行孝的人是眼中没有父母。这三种人的行为，都是造成天下大乱的根源。"②

秦国尊崇法家，其严刑峻法直至秦亡始终严苛，稍有过错就要砍手砍脚砍头，对不孝的处罚也非常严厉，主张"不别亲疏，不殊贵贱，一断于法，则亲亲尊尊之恩绝矣。"甚至连制定法律的商鞅也落了个五马分尸的下场。一部好的法律是公平的、正义的，温情而有约束力，能让整个社会受益，但秦代的法律是一味地严酷，甚至到了让人民无法活下去的地步，结果不但没有起到维护统治的作用，反而成为官逼民反的帮凶。于是，秦王朝只活了十五年就灭亡了。

两汉以后，历代封建王朝声称以孝治天下，"不孝"被正式定为罪名列入法律，甚至有儿子因父亲受辱而杀人可免于刑罚的规定。

晋代规定了"五服"治罪的原则：家族亲属间相互伤害或侵犯要"同罪异罚"。亲属相犯，以卑犯尊者，处罚重于常人，关系越亲，处罚越重；若以尊犯卑，则处罚轻于常人，关系越亲，处罚越轻。亲属相奸，处罚重于常人，关系越亲，处罚越重；亲属相盗，处罚轻于常人，关系越亲，处罚越轻。在民事方面，如财产转让时有犯，则关系越亲，

①《礼记·王制》原文："凡听五刑之讼，必原父子之亲，立君臣之义以权之。"

② 出自《孝经》。子曰："五刑之属三千，而罪莫大于不孝，要君者无上，非圣人者无法，非孝者无亲，此大乱之道也。"

处罚越轻。

从晋代开始，五服治罪一直是封建法律的重要组成部分。这一法律强调了孝的至高无上的地位。

北齐法律首次确立了“重罪十条”，把不孝列为第八条，这是十恶之罪的最早形态，也是后世法典的重要内容。隋朝正式确定了“十恶”的罪名，不孝罪列第七。从此以后，不孝就成为十恶不赦的重罪。

“十恶”的内容是逐步演变而成的。至北朝北齐时开始规范化，定十条重罪，即谋反、谋大逆、谋叛、恶逆、不道、大不敬、不孝、不睦、不义、内乱十条。

至隋正式把重罪十条改为十恶，并列入法典。这十恶是：一谋反，阴谋造反，推翻封建王朝；二谋大逆，谋划毁坏皇帝的宗庙、祖墓或宫室等蔑视和侵犯皇帝尊严的行为；三谋叛，暗中策划背叛朝廷的行为；四恶逆，对直系和旁系尊亲属或兄、姊、夫及其直系尊亲属的杀害行为或对祖父母、父母的殴打行为；五不道，灭绝人性，违反封建伦理道德的行为；六大不敬，不尊敬皇帝的言行；七不孝，对直系尊亲属的忤逆行为；八不睦，亲属间的谋杀、出卖、殴打或控告的行为；九不义，违背封建道德的犯罪行为；十内乱，违反封建伦理纲常的奸污行为。

这十恶，经唐代至清代，除元代略有改动外，一直沿袭，并规定对犯有十恶的人不得赦免。《隋书·刑法志》：“犯十恶及故杀人狱成者，虽会(遇)赦，犹除名。”[①]

十恶不赦的重罪基本上是不杀不足以平民愤的，仔细一看，十条之中的六条都与孝道有关。

魏晋南北朝时期，安陆应城县一个叫张江陵的村民与其妻吴氏一起辱骂母亲黄氏，黄氏不堪咒骂，上吊自杀了。县官将张江陵、吴氏拘捕

① 任建新：《中国劳改学大辞典》，社会科学文献出版社，1993 年。

入狱，准备按照刑律处死。

事也赶巧，还没有来得及宣判，皇上下达了大赦天下的诏书。于是，县官产生了疑问，这二人的罪行能不能大赦呢？当时的法律规定：如果儿子杀伤父母，要处以砍头的极刑；詈[①]骂父母的，处以弃市的刑罚；预谋杀害丈夫父母的，同样要处以弃市的刑罚。所谓“弃市”，就是要在闹市对犯人执行死刑，以示此人为大众所唾弃。但法律同时又规定，如果死刑犯遇到恩赦，则可以免除死罪。

皇上大赦天下，张江陵夫妻是不是可以免除死罪呢？何况，他的母亲是上吊自杀。县官拿不定主意，逐级向上请示。这时主管刑罚的孔渊之说：“张江陵辱骂母亲致使母亲自杀身亡，应比照殴打父母治罪，即使遇上大赦也应该按杀头的律条处罚。至于吴氏，因为法律没有明文规定儿媳毒骂公婆应怎么处罚，可以免除她的死罪而另外议处。”

最后，皇帝采纳了孔渊之的意见，张江陵被处死，吴氏免于死刑。这是对不孝加重处罚的一个事例。

唐朝在中国历史上是一个非常开放有作为的朝代，其统治者制定的法律统称《唐律》。《唐律》梳理和吸收了历代法律的优秀成果，共十二篇五百条，律文之下附有准确而严密的注疏，代表了中国封建立法的最高成就。《唐律》明确地规定了“不孝”的内容及相应的刑罚：

①除了祖父母、父母犯有谋反、大逆、谋叛等罪行时子女必须告发之外，如果子女告发祖父母、父母的其他罪行，要被处以绞刑。同时，为了使祖父母、父母免于遭受刑戮，子孙可以代为受刑。子孙詈骂祖父母、父母的，也要受刑。

②祖父母、父母在世，子孙另立户籍、分割家产的处三年徒刑。

③赡养父母不尽心的，只要祖父母或父母向官府提出控告，子孙就

① 詈（lì）：从旁编造对方的缺点或罪状责骂。

要受刑。

④为父母居丧期间男婚女嫁，或者把丧服换成吉服，或者弹琴作乐，判徒刑三年。

⑤祖父母、父母死后，不奔丧、不办葬礼的子孙流放两千里；官员如果隐瞒父母死讯，不辞职回家居丧，查实后判两年半徒刑；如果谎报祖父母、父母死讯，判三年徒刑。

⑥殴打或谋杀祖父母、父母，一律杀而不赦。即使子孙已经畏罪自杀，也要曝尸示众，以示惩罚和警示。

专家认为，孝道在唐代法律制度中处于核心地位，孝道法制化在此时宣告完成。

宋元明清历代大多继承了唐律关于孝道的刑律。明代的法律规定，祖父母、父母受到子孙威逼而死亡的，依照殴打祖父母、父母罪问斩，而父母犯下死罪的，则可以由儿孙代其受刑。

《明史·孝义一》记载了朱元璋与小民周琬之间关于孝道的一场官司：明代洪武年间，江宁人周琬的父亲是一位地方官，他不幸被卷入一个案件中被判了死刑。周琬当年才 16 岁，但他是一位孝子，愿意替父受死。

在以孝治国的年代，皇帝特别在意以民心向背来体现王权的合法性，也很想树立这方面的典型教化民众。如今听说有人愿意用自己的命去换父亲的生命，朱元璋决定在百忙之中见见这个要替父亲受死的儿子，他相信自己能一眼辨别真假。

周琬虽然按照礼节跪在朱元璋面前，但态度不卑不亢，说话头头是道，从语气到礼节都非常周全，完全不像一个 16 岁的孩子。朱元璋看到这个少年面对“天子”如此镇定，不免疑惑，便问道：“你这个孩子出身并不高贵，却进退有礼，言辞得体，是不是背后有人为你编排这次演出呀？”周琬说：“万岁爷在上，小人并没有得到任何人的指点，只是救父心切，顾不上怕了。”朱元璋心生一计，叫道：“来人，朕今天成全你，让你代父受死。”司法官立即上前把周琬绑了，喝令推出去斩首。没想到，周琬面不改色，恳请皇帝信守承诺，赦免父亲。朱元璋连忙说：“朕看你这孩子是真心救父，这样吧，免你父死刑，改为流放戍边。”

周琬听了，不但没有谢主隆恩，反而大声说：“父亲有罪，但罪不至死，是地方官判案不公，请皇帝明察秋毫，重审此案，替小民做主。”他认为流放就是变相的死刑，并不是什么宽大处理。他说：“戍边流放，千里迢迢，有去无回，与死刑有什么两样？戍边的父亲如果客死边陲，作为儿子将何以为生？皇帝还是允许我代替父亲受刑吧！”

这种得寸进尺的行为，让朱元璋龙颜大怒，他喝令将周琬马上绑缚至刑场处死。可是，周琬听到皇帝的命令，依然面不改色，反而有一种如愿以偿的惬意。就在他即将被拖出宫门时，朱元璋猛然意识到，这不正是教化民众的典型吗？于是他改了主意，当即下令将周琬及其父亲一同释放，并在御用屏风上亲题“孝子周琬”四字，还给周琬一个“兵科给事中”的官职，相当于现在的元首秘书，侍皇帝左右，备顾问应对。朱元璋用这种方式号召天下人像周琬那样做真正的孝子。

代父受刑被视为“孝道”的最高境界，古代史官把这一类故事记录在案，以倡导孝敬之风。

在清朝的前期，统治者基本沿用了历代关于孝道的法律：如果因为子孙冒犯虐待而导致祖父母、父母自杀，子孙要问斩；如果因为子孙不孝而使祖父母、父母轻生，应处绞刑。即使父母并非故意寻死，只是无意中死亡，只要起因于子孙，也要负同样的刑事责任。

清朝顺治皇帝在清军入关后第八年（1652 年），为了消除民众的敌对情绪，毫不客气地盗用了朱元璋的“版权”，一字不改地向全国颁布了“圣谕六训”（即孝顺父母、尊敬长上、和睦乡里、教训子孙、各安生理、毋作非为）。紧接着又命人编纂了一部劝善故事总集《宣讲拾遗》，这部书把中国古代的各种劝孝劝善的故事传说，按“圣谕六训”的顺序分为六卷，每卷的主题对应每一训。这些故事至今还在民间流传。

1670 年康熙皇帝为了把顺治皇帝的孝道思想发扬光大，又颁布了《圣谕十六条》，并大力推广。据说，《圣谕十六条》也成为 1911 年之前，中国最为家喻户晓的“领袖”语录。

《圣谕十六条》的内容是：

敦孝弟以重人伦，笃宗族以昭雍睦，
和乡党以息争讼，重农桑以足衣食，
尚节俭以惜财用，隆学校以端士习，
黜异端以崇正学，讲法律以儆愚顽，
明礼让以厚风俗，务本业以定民志，
训子弟以禁非为，息诬告以全良善，
诫窝逃以免株连，完钱粮以省催科，
联保甲以弭盗贼，解仇忿以重身命。

三

时间进入 20 世纪，中国社会发生了剧变。

1912 年 2 月 12 日，清朝历史上最后一位皇帝，也是整个封建社会的最后一位皇帝——爱新觉罗·溥仪颁布退位诏书，“将统治权公诸全国，定为共和立宪国体”。那一年，溥仪刚刚6岁。大清皇帝退位，意味着中国两千多年的封建礼法社会解体。

1919年5月4日，中国的北京、上海等地爆发了五四运动，表面看是反对签订卖国条约，实际上是中国知识分子发起的一场思想启蒙运动。中国激进的知识分子认为中国传统文化是百年积弱的原因，他们希望通过引进西方文化，打造一个进步开明的新文化。于是，作为传统文化之根的“孝道”首先受到了冲击。他们认为，孝道建立了尊卑的等级，产生了奴性文化，使中国的封建王朝延续了两千多年，必须彻底打倒。

其实，早在1909年，清朝政府就开始起草《大清民律草案》，已经把西方的法律理论引进中国了。当权者为这次立法定了三个原则，一是采纳各国通行的民法原则；二是以最新最合理的法律理论为指导；三是充分考虑中国特定的国情民风，确定最适合中国风俗习惯的法则。但是，由于大臣和学士们对西方法律也是一知半解，只好从日本请了四位法学高手当顾问。《大清民律草案》的总则、债权、物权三编就是由日本学者松冈正义[①]等人仿照德、日民法典的体例和内容草拟而成，吸收了大量西方资产阶级民法的理论、制度和原则。不过，由于清朝很快就被推翻了，这部法律并没有真正实行，但对后来的民法产生了一定的影响。

1930年颁布的《民法》吸收了西方法律关于固定成年年龄的做法，规定只要子女成年，父母不再履行法定抚养义务。1950年中华人民共和国颁布的首部《婚姻法》既强调了子女赡养扶助父母的义务，也强调了子女赡养父母的义务，双方均不得虐待或遗弃对方。至此，西方法律的抚养与赡养概念取代了中国传统的孝道，法律上父母与子女的义务具

① 1908年，清政府邀请日本法学士松冈义正等四位学者来华，参与正式起草民法《大清民律草案》。

有了相互性。

在此后的法律实践中，孝道作为中国传统文化的内核，受到了法律的挑战。现在看来，“泼洗澡的脏水，不能连盆里的孩子一起泼掉”，摈弃封建传统的糟粕，不能把合理的内核抛弃掉。传统文化的生命之树是有根的，把根挖了，树就活不成了。

由于人们对于孝道的渴望愈加强烈，精神赡养最终写进法律。2013年修订的《中华人民共和国老年人权益保障法》规定：“家庭成员应当关心老年人的精神需求，不得忽视、冷落老年人；与老年人分开居住的赡养人，应当经常看望或者问候老年人。”

但是，许多学者认为，当下的法律对“孝道”的强调是缺失的。西南政法大学行政法学院教授龙大轩说：“孝道文化的迷失造成了严重的后果。观今日之社会，虐老行为时有所见，而法律的调控能力却十分有限。尽管民事法中规定子女对父母负有赡养义务，但又仅限于物质赡养范围之内，而这只是孝道最低层次的要求。另一方面，对严重的不孝行为进行刑事追责，须达到‘情节恶劣’的程度，即长期虐待老人，或因遗弃造成老人重伤或死亡，才构成犯罪。这样的法律规定，很难真正发挥惩治不孝行为的作用。长此以往，势必对社会的稳定与和谐构成极大的挑战。孝道文化属于报答文化，其中既有人情上的知恩图报，也有功利上的付出回报，一方面为代际差异提供温情脉脉的精神慰藉，另一方面也可消弭长辈心中老无所依的现实顾虑。因而孝道的弘扬有增进人际情感、消减人际隔阂的大功用。‘老吾老，以及人之老；幼吾幼，以及人之幼’，推己及，由近及远，孝道由此成为社会责任感与公德的源头。”①

回归孝道，是时代对当下法律精神提出的要求。

① 龙大轩：《中国传统法律的核心价值》，载《法学研究》2015年第3期。

第四课

《论语》的核心是“孝”吗？

——解读孔子在《论语》中有关“孝”的论述

一

如果我说，孔子的《论语》的核心思想是“孝”，一定有很多人不以为然。

学者往往以“仁”作为孔子的一贯之道，甚至称儒家学说为“仁学”。《论语》的499段话中，有58段讨论“仁”，“仁”字共出现了104次。而涉及“孝”的讨论只有24段，“孝”字只出现了19次。

显然孔子更青睐“仁”。

但是，请注意，孔子说得明白，仁从何来？仁从孝中来。

生而为人，必须先尽“孝道”，再具仁心，再懂礼仪，再当君子。

从孔子开始，孝的含义更加亲切和人性化了，孝从“尊祖敬宗，传宗接代”变成了“善事父母”，他规范和解释了孝道的内容，让孝道从王公贵胄祭祀祖先变成了普通民众的家庭伦理。

孔子说：“君子务本，本立而道生。孝悌也者，其为仁之本欤！”意思是，孝顺父母、尊敬兄长是君子为仁的根本，一个人只有把根本的东西做好了，才能打开通向真理的大门，步入人生的最高境界。

《论语·学而》说：“弟子入则孝，出则悌，谨而信，泛爱众而亲仁，行有余力，则以学文。”

弟子在家里孝顺父母，在外要敬重兄长，言行要谨慎，说话要有信用，友爱大众，亲近仁德。做到这些之后，有余力再来学习文化知识。

这些话都是以孝为起点，层层递进，帮助人们最终成为君子。

孝是尊敬厚待祖先长辈，孝是一切道德的基础，你要想做君子，成就大业，立功、立言、立德，首先要以诚敬的心，任劳任怨地把你的家庭治理得完美无缺。你必须先让你的父母感受到孝敬的温暖。

不过，孝可不是一件容易的事，不流几次泪，不受几次难，你就不配谈孝，也不可能真正了解孝。那么，怎样做到孝呢？

孔子告诉我们首先要“自觉”。他认为，人天性是自私的。但是，承认自私的天性，并不代表你可以只想自己，不顾他人，不顾父母，而是要自觉地在内心设立一条道德底线。就像足球比赛中的守门员，如果守不住最后一道关，就会输球。

其次要“真诚”。人前人后要一个样，外在与内心一个样。孔子说，一个人没有仁爱之心，遵守礼仪又能怎么样？没有仁爱之心，知道调和音乐又能怎样？失去了仁爱之心的礼乐，不过是一种束缚而已。礼乐是外在，仁爱是内在，如果内外不和，搞形式主义，只想赢得虚名，你就做不到真正的孝，人们早晚会看穿你的表面文章。

再次要“行动”。行善避恶，孝敬父母，尊敬师长，听起来很高尚，但只要你愿意做，就没有做不到的。所以孔子说：“如果有人想要每天去做善事，我还没有见过能力不足的人。”孝道与善事，只有愿不愿做，没有会不会做，做不做得好是能力问题，愿不愿意做是态度问题。

二

孔子认为，君子在孝道方面的修炼可以概括为四个字：孝敬、礼让。

先说“孝敬”。孔子认为，孝敬是人生的第一步，必须走好。他在《论语》里总结了孝敬的五个层次。

一是无违。

历史上有许多人向孔子请教孝的问题。

鲁国的大夫孟懿子的父亲临终前叮嘱儿子一定要向孔子学礼。孟懿子听从父亲的嘱托，去请教孔子什么是“孝”。孔子只说了两个字：无违。无违，就是不要违背的意思。

孔子觉得，孟懿子按父亲的遗嘱来向自己请教，这是听父亲的话，这行为本身就是孝。

不过，孔子可能觉得“无违”二字太概括了，可能会引起一些歧义，就找了个机会重新解释了一遍。那天，弟子樊迟赶着马车送他出行，孔子与樊迟聊起了这事：“孟懿子问孝于我，我告诉他‘无违’。”

樊迟问：“老师您这是什么意思呢？”

孔子说：“父母活着的时候，要依照礼节孝顺他们；父母去世，要按照礼节埋葬祭祀他们。”

孔子的一些说法似乎可以解释“无违”的含义：“父母在，不远游。”若是不得已出远门，必须有明确的方向和具体的时间，好让父母放心。据《韩诗外传》记载，孔子对弟子们说：“‘树欲静而风不止，子欲养而亲不待’你们要明白其中的道理！”弟子们听从了孔子的教诲，有13个人辞别老师回家赡养双亲。孔子又说：“父在，观其志；父没，观其行。三年无改于父之道，可谓孝矣。”“志”是思想和态度，如果当着父母的面，对他们的教导和嘱咐，口口声声称“是”，但实际上并不按父母的教导做，这就是不孝。父母作为过来人，人生经验丰富，有些事情能一眼看到实质，他们的指点和经验会让你一生受益。当父母去世之后，你能在很长的一段时间内坚守家传的勤劳、诚信等品德，这就是孝敬。

孔子认为，这是孝道的最低标准，也是基本原则，任何一个人都要做到。

二是牵挂。

不久，孟懿子的儿子孟武伯也来向孔子问孝。孔子说：“你如果能像父母担忧你的病痛那样担忧父母，就是孝了。”

小时候，我们得了病，父母抱着我们往医院跑；为了给孩子治病，花多少钱也不心疼，倾家荡产也在所不惜。

有一位很有成就的服装设计师是小儿麻痹症患者，她告诉我，小时候，父母为了给她治病，花的钱摞起来，比自己的身高还要高。那时候，北京的公交车两分钱坐一站，一毛多钱能坐到医院，可是父母舍不得，都是背着她去医院，省下的这点钱中午会买一盘菜，让她吃，父母则坐在一旁吃咸菜。她说，我是趴在父母的背上长大的，父母是吃着咸菜变老的。她治病的经历从4岁到24岁，无论走到哪里，都是父亲背着、抱着、推着。父亲说：“闺女，你啥时候能自食其力了，老爸就能闭眼了。”在她终于可以拄拐行走的时候，父亲却病倒了，不到70岁已经瘫痪在床，最后连吃饭吞咽都困难了。

在父亲病危的时候，她要去参加全国服装大赛。告别时，她拉着父亲的手，哭着说：“爸爸，你一定要等我，我要给您争个金牌。”父亲戴着呼吸机，不能说话，眼睛一眨一眨的，脸上露出了笑容。几天后，她得了金牌，赶回病房，只见父亲眼睛紧闭，手肿得像馒头，深度昏迷。她把金牌贴在父亲的脸上：“爸爸，爸爸，您睁开眼睛看看，女儿真的得到了金牌，为您争光了！”她感觉父亲应该听见了，父亲的眼角流出了一滴眼泪。

第二天，父亲离开了这个世界。

从那天起，与父亲一起走过的道路还在，脚印却只剩下自己的了。

从此，她除了工作，剩下的时间都用来照顾母亲。

人能以父母之心为心便可称为孝。

我们在父母背上长大，总觉得他们的脊梁永远挺拔，但忽略了父母正在一天天衰老的现实。所以孔子说：“父母之年，不可不知也，一则以喜，一则以惧。”意思是对父母年龄的增长、身体的变化、疾病的产生都要做到心中有数，一方面为父母增寿而欢喜，另一方面为父母逐渐衰老而忧虑。父母有了小病，就要积极地送医，以免久拖变成大病、重病。这时候，最能看出儿女的孝心。

三是尊敬。

到孔子这里问孝的人很多，孔子的学生子游也跑来问孝。子游问孝，孔子就说的多一些：“如今有些人，以为每天供给父母吃喝就是孝，如果仅仅这样就算尽了孝道，那么，这与自家养的狗和马有什么区别呢?孝道的关键在于‘敬’，如果没有‘敬’，就没有孝道可言。”①

尊敬，是一种自我要求。生活不容易，不能总让父母为我们分担风雨;不能总希望父母不离不弃地支持。当我们的肩膀有了一些力量的时候，要接过父母肩上的担子，扶起他们被压弯的腰，陪他们慢慢老去。

尊敬，是一种生命尊严。尊严是内心被尊重的时候发出的光芒。一位作家说，人的尊严可以用一句话来概括，即他的信念比金钱、地位、权势，甚至比生命都更有价值。尊严让父母有自信、健康和快乐。父母的尊严与贫富无关，与命运无关，却与子女的尊敬有关。正可谓“良言一句三冬暖”，一句好话会让父母感到温暖。

尊敬，是一种真诚的爱。真正的教养和孝敬，就是当你面对家庭的

① 出自《论语·为政》篇。子游问孝，子曰：“今之孝者，是谓能养。至于犬马，皆能有养。不敬，何以别乎？”

困境，面对父母衰老带来的负担时，学会像父母当初爱你那样无私地爱他们，用你的行动让父母的生活有品质、有品位、有笑声。

四是脸色。

送走子游，子夏也来问孝。他对孝道似乎也有一些疑惑，他问：“孝道是一件难事吗？”孔子说：“最不容易的事只有一件，就是对父母和颜悦色。如果仅仅是家里的事情儿女帮父母做，有了酒饭，先让父母吃，你认为这样就可以算是孝了吗？”[①]

在家里，脸色是一个敏感的话题。胡适说：“我渐渐明白，世间最可厌恶的事莫如一张生气的脸；世间最下流的事莫如把生气的脸给人看，这比打骂还难受。”家人低头不见抬头见，你沉个脸给父母端上酒饭，父母会觉得吃了你的、喝了你的，是欠了你的，会疑心你是想赶他们走。而你心中有孝道，脸上自然会出现微笑。这时，哪怕吃的差一点，父母也会乐呵呵的。侍奉父母不在于做了该做的事，而在于这件事是你愿意做的。

但是，随着年龄的增长，自我在你心中的分量越来越大，父母在你心里的分量越来越轻，养家糊口的重负与病痛缠身的父母让你变得疲惫了，笑不出来了，父母想看到你的微笑变成了一种奢侈。所以，孔子才反复强调“色难”。从这个意义上说，面对父母，微笑是最容易也是最难的，脸色的好坏，体现的是你的教养。想想父母的付出，学会微笑吧，虽然这微笑有难言之苦，有辛酸之泪，但只要发自你的内心，在父母看来就是最美的。

① 出自《论语·为政》篇。子夏问孝。子曰：“色难。有事，弟子服其劳；有酒食，先生馔，曾是以为孝乎？”

五是几谏（劝善）。

孔子提倡的孝敬，充满了仁爱的精神。记住别人的好，叫感恩；劝诫别人的不足，叫宽容。"几谏"，告诉你如何对待父母的错误，是孝敬的至高境界。"几谏"，是委婉、反复劝说的意思。

人无完人，即使为人父母也免不了会犯错。作为晚辈，应该怎么办?

孔子说了一个解决的办法："事父母几谏。见志不从，又敬不违，劳而不怨。"意思是说，对待父母的错误，应该委婉地劝说他们改正。如果你勇敢地表达了自己的意见，父母不愿听从，仍要好言相劝，不能停止劝说，也不要心生怨恨。"

这种非常执着、态度和蔼的劝说，总会有一些效果吧，毕竟是一家人。

孔子的弟子曾参认为孝道就是无条件顺从，就做了一件错事。少年时的曾参有一次跟父亲曾点在地里锄草，一不小心，把一棵瓜秧锄断了。他的父亲见了，非常生气，认为他做事太马虎。要知道，这瓜苗是"进口"而来的品种，是宋国的大西瓜。于是，曾点气哼哼地抡起锄把就打。曾参见父亲生气，心里惭愧，甘心挨打。直到曾点把锄把打折了，曾参晕倒才罢休。

曾参苏醒之后，赶紧整理好衣服，跑到父亲跟前去认错："父亲大人，刚才孩儿犯错，竟然烦劳您费了这么大的力气来教育我，您的身体不会因此有什么不适吧？"回到家里，曾参又抚琴而歌，希望欢快的歌声传进父亲的耳朵，让父亲不必自责。不久，曾参被父亲毒打的事在当地传开，那些信奉"棍棒底下出孝子"的人，认为曾参甘心挨打是孝的最好表现，纷纷效仿，孩子做错了事任凭父母毒打而不跑，并以此为傲。

孔子听说后，对弟子们说："下次曾参过来，不要让他进门。"

曾参听了非常不解，老师应该表扬自己啊，为什么不让自己进门呢?他就跑去问孔子自己做错了什么。

孔子说："小杖则受，大杖则走。父亲打你两巴掌，你可以忍着，但如果他暴怒起来，用大棍子打你，你必须赶紧逃走。否则，他这一棍子打下去，把你打伤打残了，他就会为此而感到自责，亲朋好友也会责怪你父亲的暴戾，他的名声就完了。你父亲用棍子打你你不跑，晕倒在地，险些陷你父亲于不义，难道这样做是孝顺吗？"

孔子的意思很明确，曾参的父亲这样打孩子，已经超出了一般教育孩子的界限，属于家暴行为了。在现代社会，家暴的家长是要坐牢的。曾参错误地理解了"孝"的意义，就等于纵容了家暴，纵容了父亲的错误，已经近乎不孝了。所以，必须要批评。

孔子认为，盲目的、无条件地顺从与臣服，既不是孝，也不是忠，甚至可能是不忠不孝。

鲁哀公曾经请教孔子："儿子服从父亲就是孝，臣子服从国王就是忠，对吗？"连问三遍，孔子不答。子贡说："就是这样的啊，老师你怎么不回答呢？"孔子说："一个大国如果有四个诤臣，国土就不会减少；一个小国如果有三个诤臣，政权就不会有危险；大夫之家如果有两个诤臣，宗庙就不会毁灭。父亲有了敢于直言的儿子，就不会做不合礼制的事；君子有了诤谏的朋友，就不会做不义之事。所以儿子一味听从父亲，怎能说是孝顺？臣子一味听从君主，怎能说是忠呢？"①

孔子强调了一个国家有"诤臣"的重要性，一个家庭有不同声音的必要性。诤，就是能直爽地说出人的过错，劝人改正。对大臣来说，"诤"的程度比"谏"重，因为事关国家社稷，可以与国君争执。对家庭来说，

①《荀子·子道第二十九》鲁哀公问于孔子曰："子从父命，孝乎？臣从君命，贞乎？"三问，孔子不对。孔子趋出以语子贡曰："乡者，君问丘也，曰：'子从父命，孝乎？臣从君命，贞乎？'三问而丘不对，赐以为何如？"子贡曰："子从父命，孝矣；臣从君命，贞矣。夫子有奚对焉？"孔子曰："小人哉！赐不识也！昔万乘之国有争臣四人，则封疆不削；千乘之国有争臣三人，则社稷不危；百乘之家有争臣二人，则宗庙不毁。父有争子，不行无礼；士有争友，不为不义。故子从父，奚子孝？臣从君，奚臣贞？审其所以从之之谓孝、之谓贞也。"

有一个敢于说出父亲问题的儿子，父亲就不会做出有违礼制与道德的事情。

在孝道中，敢于批评是非常重要的，有不同的声音也是非常重要的。孔子不是要求人们不批评，一团和气，唯上是从，而是建议批评要讲究方式，特别是批评父母，态度要温和，对方不接受也不灰心抱怨，而是坚持劝阻。

孔子这种“几谏”的原则既做到了孝敬，又能帮助父母改正错误，既兼顾了孝道，又维护了社会群体利益。现代学者认为，这种方法具有一定的民主精神。

对孔子来说，每个人都有成为君子的潜能。旧时，只有贵族才能成为君子，而孔子却坚持认为，任何热衷于学习“道”的人都能变成君子，即一个品德高尚的人。“作为一名礼仪专家，比起练习骑术，孔子花了更多的时间来钻研礼仪和古代的经典著作。他重新定义了“君子”：真正的君子应该是学者而不是武士。他不应该为权力而争斗，而是要学习正确的行为规范，为家庭、政治、军事以及社会生活的传统礼数所约束。对祖先和长辈有尊敬之情、感恩之心，会体现在你的每一个姿态和面部表情中，如果一个人用敷衍、轻慢的态度去体现礼仪，那对孝是一种侮辱。”①

再说“礼让”。

孔子是第一个把“周礼”从神坛带到人间的学者。他认为“礼”的核心是一个“让”字，“礼让”才是治理国家的最高境界。

“礼”的本义是举行仪礼，祭神求福。

《大戴礼记·本命》认为“礼”有九种：

冠（古代男子成年时要举行加冠礼，一般在20岁）。

①［英］凯伦·阿姆斯特朗：《轴心时代》，孙艳燕、白彦兵译，海南出版社，2010年，第235页。

婚（男女结为夫妇举行的礼仪）。

朝（朝拜官员或早晨晚辈向长辈请安）。

聘（被聘任官职、女子订婚或访问友人）。

丧（葬礼）。

祭（供奉神灵祖先或悼念死者的仪式）。

宾主（客人和主人相见之礼）。

乡饮酒（周代流行的宴饮风俗，主要目的是向国家推荐贤者，由乡大夫做主人设宴。后演变为地方官设宴招待应举之士）。

军旅（军队的礼仪包括了两军交战的规则，也指军营礼仪。这些礼仪是维持军事纪律、保证军事行动效率的重要制度）。

孔子倡导的“礼”与周代王公贵族的“礼”已经有很大的不同，他去除“礼”中盛气凌人的一面，把“礼”中炫耀王室权势和贵族身份的东西剔除出去，让“礼”回归民间，使“礼”更有人性，更接地气。同时，礼还能让普通人感到生命的神圣，孝道让终有一死的人变成了先祖，“通过以绝对尊重的态度对待他人，礼仪能够将施受双方提升到生命存在的神圣维度。”[①] 孔子解释说：“为什么要用礼让的原则来治理国家呢？ 因为如果不能用礼让的方法去治理国家，见利益就抢，见权力就夺，那礼还能成为礼吗？”[②]“礼”加上“让”，礼仪就有了活力、有了人性，就不仅仅是一种仪式，而是一种涵养和胸怀了。

孔子认为，家庭的每个成员都应当为他人而生活。孔子“把每个人都看作一系列不断扩展的同心圆的中心，而他或她与其中的每一个人都密切相关。我们每个人的生活都是在家庭中起步的，因此家庭之礼是教育我们超越自我的开端，但是这种教育不能止于家庭。君子的视野应不

① [英] 凯伦·阿姆斯特朗：《轴心时代》，孙艳燕、白彦兵译，海南出版社，2010 年，第 238 页。

② 出自《论语·里仁》篇。子曰：“能以礼让为国乎？何有？不能以礼让为国，如礼何？”

断扩展。通过关心父母、妻子和兄弟姐妹而学到的东西使他的心胸更加宽广，于是便会关心越来越多的人：首先是他身边的人，然后是他的国家，最后是天下。”

孔子的“礼让”有三层意思：

一是把自我修养看作一个互惠的过程。有人认为，自我修养就是克制自己。其实，克制自己并不是让人割舍利己的天性，而是要在为己的过程中实现对他人的帮助，造福和影响他人。自我修养是人生的第一课，是利于众生的大前提。这一点，几乎所有的智者都认同。在伦敦闻名世界的威斯敏斯特大教堂的地下室中，有一块古老的无名氏的墓碑格外醒目，几乎所有的来访者都会被它的碑文深深地震撼：

当我年轻的时候，我的想象力从没有受到过限制，我梦想改变这个世界。

当我成熟以后，我发现我不能改变这个世界，我将目光缩短了些，决定只改变我的国家。

当我进入暮年后，我发现我不能改变我的国家，我的最后愿望仅仅是改变一下我的家庭。但是，这也不可能。当我躺在床上，行将就木时，我突然意识到：如果一开始我仅仅去改变我自己，然后作为一个榜样，我可能改变我的家庭；在家人的帮助和鼓励下，我可能为国家做一些事情。然后谁知道呢？我甚至可能改变这个世界。

改造世界的大目标，要等天时地利的机会，而改造自己，今天就可以开始。“修己以敬”，“修己以安人”，何乐而不为？孔子认为，君子要想立于世，首先要帮助别人与你一同立于世；君子要想过得好，首先要帮助别人一起过得好。凡事能推己及人，社会的风气才会好起来。

二是把“礼让”看作是孝道的自然延伸。当时鲁国最有权势的大臣季康子跑到孔府去探讨治国之策，他问孔子：“我怎么做才能让我的百姓忠敬于我，尽心尽力为国效力呢？”孔子回答：“你敬重自己的百姓，他们自然就会更敬重你；你如果以身作则地孝顺父母、对子弟慈祥，百姓自然会忠诚于你；有能力的人你要重用，没有能力的人你要帮助他们提高能力，这样百姓就为你尽心尽力地工作了。”①

当然，这种尊重必须是发自内心的，如果内心不诚恳，只是喊喊口号，做表面文章，百姓或下属决不会死心塌地为你工作。你骗他，他自然骗你；你敬他，他自然敬你。

有人对孔子的观点提出疑问：“你有这么大的政治抱负和理想，为何不去从事政治呢？”孔子答道：“《尚书》说‘孝顺就是孝敬父母、爱护兄弟，要用这个道理去处理政事。’我倡导孝道就是从事政治，为什么非要做官才算是从政呢？”②

三是把“礼让”看作立德的前提条件。一个君子，一个大丈夫，怎么显示你的力量？就是让父母安心、放心。孔子说，如果一个人因为一时的气愤，忘记利害和自身安危，挺身与人相斗，以至于牵连自己的亲人，这不就是糊涂吗？孔子还有一个好勇斗狠的学生，名叫子路，他在拜入孔门之前，头戴雄鸡式的帽子耍威风，佩戴着公猪皮装饰的宝剑，以显示自己无敌，还屡次冒犯欺负孔子。拜孔子为师后，子路身上的野气不改，虽然有时与人争斗是为了伸张正义，还是受到孔子的痛责，说他“好勇过我，无所取材”，“不得其死”，担心他活不长。果然，子路介入

① 出自《论语》。季康子问：“使民敬、忠以劝，如之何？”子曰：“临之以庄则敬，孝慈则忠，举善而教不能，则劝。”

② 出自《论语》。或谓孔子曰：“子奚不为政？”子曰：“《书》云：‘孝乎惟孝，友于兄弟，施于有政。’是亦为政，奚其为为政？”

王公贵族的家族矛盾，被人挥戈击落冠缨，子路竟然嘴硬地说：“君子死，冠不免。”在系好帽缨的过程中被人砍死。对于子路的迂腐和好勇斗狠，孔子气得够呛。

多年之后，苏东坡在他的《留侯论》中进一步阐述了孔子的思想：“古之所谓豪杰之士者，必有过人之节。人情有所不能忍者，匹夫见辱，拔剑而起，挺身而斗，此不足为勇也。天下有大勇者，卒然临之而不惊，无故加之而不怒。此其所挟持者甚大，而其志甚远也。”意思是：古时候被称作豪杰的人，个个具有超过常人的气节，有一般人无法企及的度量。普通人被侮辱时，往往会拔剑而起，挺身而斗，但这并不是真正的勇士。真正的勇士，遇到突发情况毫不惊慌，无故受到侮辱时，也不愤怒。这是因为他们胸怀极大的抱负，志向非常高远。

尊重、克制、隐忍、宽容是君子必不可少的品质。我曾经看过一段视频：一位瘦小的散打教练与一个壮汉为了争夺一个停车位，大打出手。结果，散打教练踢断了壮汉的脖子，壮汉死了，散打教练坐了牢。这么点小事，却因为不懂“礼让”，瞬间毁了两个家庭，留下四位伤心的父母。教训多么惨痛啊!

回望孔子，我们不得不臣服于他的远见卓识，正是他设定了“孝道”与“礼让”的人生底线，使“仁德”“忠恕”的品德在中华大地传承了千百年，让孝道的温煦延绵不绝，影响着每一个中国人。

第五课

善之首还是恶之源？

——《二十四孝》影响中国的历史轨迹

一

我手上有一本线装书，名叫《二十四孝》。这本书从问世至今，已经流传了七百多年，如果往前追溯，其中的许多故事甚至口口相传了两千多年。这么一本小书，二十四个小故事，为什么生命力如此强大？它对中国历史的影响有多大？

鲁迅先生说："那里面的故事，似乎是谁都知道的；便是不识字的人，例如阿长，也只要一看图画便能够滔滔地讲出这一段的事迹。"

大画家丰子恺在《学画回忆》中说："我七八岁时入私塾，先读《三字经》，后来又读《千家诗》。《千家诗》每页上端有一副木版画，记得第一幅画的是一只大象和一个人，在那里耕田，后来我知道这是二十四孝中的大禹耕田图。但当时并不知道画的是什么意思，只觉得看上端的画，比读下面的'云淡风轻近午天'有趣。我家开着染坊店，我向染匠司务讨些颜料来，溶化在小盅子里，用笔蘸了为书上的单色画着色，涂一只红象，一个蓝人，一片紫地，自以为得意。但那书的纸不是道林纸，而是很薄的中国纸，颜色涂在上面的纸上，渗透了下面好几层。我的颜料笔又吸得饱，透得更深。等得着好色，翻开书来一看，下面七八页上，都有一只红象、一个蓝人、一片紫地，好像用三色版套印的。第二天上书的时候，父亲——就是我的先生——就骂，几乎要打手心；被母亲和大姊劝住了，终于没有打。我哭了一顿，把颜料盅子藏在扶梯底下了。"

但是，《二十四孝》似乎也是争议最多的。从汉代开始，几乎所有的帝王都会褒奖、擢拔孝子，使他们成为民众心中的榜样；大多数文人高士歌颂孝子的事迹，为统治者的长治久安添砖加瓦。当然，唱反调的一直都有，宋元明清历代都有人对孝道表达不同意见，《宋史·选举志一》说："上以孝取人，则勇者割股，怯者庐墓。"上有所好，下必甚焉。皇帝把孝当成升官晋爵的主要标准，自然会有人会通过割肉或守墓等行为博取功名。

到了五四时期的新文化运动，孝道遭受了伤筋动骨的批判。

陈独秀、鲁迅、胡适、吴虞等人都是"海归"学者，在见识了西方工业革命带来的科技进步后，认为中国百年积弱的原因在于传统文化的腐朽。于是，儒家孝道被当成旧道德遭到猛烈批判。鲁迅的如椽巨笔横空一挥："我翻开历史一查，这历史每页上都写着'仁义道德'几个字。仔细看了半夜，才从字缝里看出字来，满本都写着两个字，是'吃人'。"

一时间，孝道仿佛成了洪水猛兽，必须扫地出门。结果，作为维系中国人社会关系、家庭关系的伦理被淡化，事亲、养亲、敬亲、悦亲的文化传统遭遇前所未有的冲击。家庭成员感情冷淡，父母子女关系疏离，拜金主义、享乐主义、个人中心主义大行其道，亲情反目、弑父弑母的恶性案件不时发生……在"小太阳""小皇帝""啃老族""月光族"的人际关系地图上，"我"有无限大，其次是"我"的领导、同事、同学等利益相关者，最远最小的是"我"的亲爹亲妈、爷爷奶奶等供"我"使唤的那几个人。这些现象，对正在步入人口老龄化的中国来说显然是一种危机。人们在深深的忧虑之中重新回望"孝道"，发现《二十四孝》故事的"内核"其实是"慈悲""大爱""感恩""助老""礼让"。剔除其中糟粕的部分内容，其"内核"依然是社会长治久安的良方。

这是因为，现代与传统的社会连接点是家庭，现代与传统的思想连接点是家庭伦理。

在千年未有之大变局下，不管你有多少留恋不舍，时代的车轮都统统碾过，虽然泥沙俱下，鱼龙混杂，却总有一股清流穿过人们的心底，总有一块压舱石让我们平稳前行。

我们内心的这股清流、这块压舱石，就是孝道。

它是中华文化的名片，是中华文化之所以被称为中华文化的原因和标志。

无论时代怎么变，家庭伦理的基本规则还是那么多，孝道本身的内容是从人们的天然情感中升华而来的。天性难违，天理不变。古今中外，概莫能外。

今天的孝道，已经脱下了历代统治者强加给它的治国理政的外衣，变成了一种内省的道德规范，成了人们克制心中本能的私欲、努力向善的一种鞭策力量。

二

《二十四孝》全名《全相二十四孝诗选集》，由元代郭居敬编录而成。由于此书的印本大都配以图画，故又称《二十四孝图》，是中国古代宣扬儒家思想及孝道的通俗读物。从现存不多的史料上看，生活在14世纪中叶的郭居敬是位升斗小民，福建省大田县广平镇人，由于身处元朝末年的战乱年代，他曾长期在担惊受怕中过日子。元朝是蒙古人入主中原建立的王朝，他们将人民分为四等，汉人、南人都属于贱民，郭居敬自然是贱民之一。当时，由于赋役沉重，灾荒不断，各地民众纷纷起义，反抗元朝统治，身为贱民的明朝开国皇帝朱元璋就是造反队伍里的小头目，据说他成功后每次经过祖庙都是跪拜哭泣。同是贱民的郭居敬选择了另一种反抗方式：躲在小山村里苦读史书，记述、改编孝道文化中的经典故事，在不知不觉中当了一回传承中国文化的火炬手。

遗憾的是，史籍对郭居敬的生平事迹仅寥寥数笔，郭氏后人对他过往的历史也不甚了解，唯一的线索是，郭居敬的家乡福建大田有一种古老的风俗，祠堂或民居的厅堂左边设有“目怜栱”，供“唱目怜”挂图之用。“唱目怜”相当于民间的顺口溜，从盘古开天地唱起，历数千百年感人的孝道故事。比如：第一行孝大舜王，孝顺父母感苍天。山头有米来救饥民，风调雨顺国太平；第二行孝汉文帝，文帝尝药孝爹娘。文帝孝顺管天下，万古春秋传饥民……

有人推测，郭居敬编撰《二十四孝》与“唱目怜”的风俗有关。

《二十四孝》的故事大多取材于西汉经学家刘向编辑的《孝子传》，也有一些故事取材于《艺文类聚》《太平御览》《搜神记》。敦煌藏经洞发现的佛教变文《二十四孝押座文》是中国现存最早的“二十四孝”作品。

编辑《孝子传》的刘向是汉代一个有大学问的人。他是汉高祖刘邦异母兄弟刘交的后代，是一个敢说真话的大臣，动不动就给皇帝提意见，气得皇帝两次把他关进大牢。后来，刘向潜心学术，一门心思整理古籍，带领自己的儿子刘歆编辑整理《管子》《晏子》《韩非子》《列子》《战国策》《山海经》《烈女传》等著作，屈原的《楚辞》也是由他编订成书的。

自刘向之后，编辑《孝子传》的著名文人一抓一大把，《孝子传》的数量增加到几十本，甚至陶渊明也凑热闹编了一本。各朝代各州县的地方志也加入记载孝子事迹的行列，使中国孝子的故事丰富了许多。然而，令刘向没有想到的是，真正让孝道深入人心的是比他晚出生一千多年的福建村民郭居敬。

不少人感到奇怪，《二十四孝》不过是一些简单的小故事，内容算不上奇特，文字更是一般，为什么盛传几百年不衰？仔细看，《二十四孝》还是有些特点的，一是把孝道通俗化，把儒家经典变成了故事。二是故事演义化，情节离奇跌宕，引人注目。三是人物典型化，名人造势，官方推广。从汉代开始，官方为了社会安定，一直不遗余力地宣扬孝子们的故事，很多时候都是皇帝亲自宣传推广。如清朝规定，凡童子应试、初入学者，必须默写康熙皇帝讲解孝道的《圣谕十六条》，默写没有错误的才准许通过。这种推广力度实在不小。

《二十四孝》的写作形式是以一段文言记叙文开篇，然后配一首五言诗，再配以一幅表现主题的线条画。一般来说，这些历史上的孝子是确有其人的，他们孝敬父母的事迹也有一定的可信度。但是，由于古人的记述往往过于简略，常常是寥寥数语，几笔带过，缺少传播需要的传奇性，后来的编撰者把自己的想象和美好愿望添加上去，于是，这些故事像蛹化蝴蝶一样，神奇变身，情节瞬间反转，悲剧变成了喜剧，迎合了民众爱听传奇故事的心理，孝子们的事迹就这样一代代传下来了。

在不断传播的过程中，《二十四孝》的故事开始脱离原著，添枝加叶，虚构故事，好像已经不是在写历史，倒像是编小说了。唐代著名史学家刘知几批评这类文体说："文非文，史非史，譬夫乌孙造室，杂以汉仪，而刻鹄不成，反类于鹜者也。"意思是这类文字有些不伦不类，好像是蒙古包里放了八仙桌，好像是想画天鹅反而画成了野鸭。

但是，我们不能苛求古人，当时的许多历史著作都是这么写的，比如司马迁的《史记》里就说："舜目盖重瞳子，又闻项羽亦重瞳子。"一只眼睛里有两个瞳仁，显然是引用的传说，有虚构的嫌疑了。《二十四孝》

顺应了老百姓的心理，不识字的人也能记住和讲述，非常符合大众传播的需求。《二十四孝》故事，算是中国古代传播学的奇迹。

三

《二十四孝》故事大致可以分为五种类型：

一、贤明圣人型

这类故事主要是讲帝王、大臣的孝敬故事。如《孝感动天》《亲尝汤药》《涤亲溺器》。这类故事的意思是，古代帝王与圣贤如此尊贵都能放下身段孝敬父母，作为普通人更没有理由不孝了。

《孝感动天》是讲舜以君主之身，以身作则，在父母企图将他置于死地的情况下依然孝敬，最终感动天帝的故事。舜是传说中的远古帝王，相传他还是一介平民时，父亲眼瞎而心思歹毒，继母愚蠢而顽固，异母弟弟象更是多次想害死哥哥。一天，三人设计让舜爬上高处去修补谷仓，然后在谷仓下纵火，舜急中生智，手持两个斗笠当降落伞跳下逃脱。三人又生一计，让舜去掘井，等他挖下去几米深了，瞎眼的父亲与弟弟象合力推土填井，想把舜活埋。幸亏舜早有防备，已经暗掘地道，再次逃脱。事后舜虽然很生气，但他告诫自己还要像以前一样对父亲恭顺，对弟弟慈爱。终于，他的孝行感动了天神，当舜在历山耕种时，大象替他犁田，小鸟代他锄草。尧听说舜的贤能，把两个女儿娥皇和女英嫁给他，并选定舜做他的继承人。舜登天子位后，去看望父亲仍然恭恭敬敬，并封弟弟象为诸侯。

父母偏心的问题,在家庭中很常见。比如中国民间谚语就说,“大的娇,小的娇,中间夹着受气包”。意思是一个家里的孩子,老大和老幺是最受宠的,而排行在中间的,得到的爱就会少一些。那么,我们是否要因此抱怨或作为不孝的借口呢?

宋代有位进士叫袁采,他写了一本《袁氏世范》的家训,对后世影响深远。他在家训中很中肯地说:“父母见诸子中有独贫者,往往念之,常加怜恤,饮食衣服之分,或有所偏私……此乃父母均一之心,而子之富者或以为怨,此殆未之思也。若使我贫,父母必移此心于我矣。”

《亲尝汤药》讲的是汉文帝刘恒孝敬母亲的故事。如果说舜帝还是一个传说中的人物,那么汉文帝则是《二十四孝》里记载的唯一一位皇帝。

汉文帝刘恒是个大孝子,当上皇帝后,奉养母亲毫不懈怠。母亲薄氏曾经生病三年,文帝每天晚上都陪在母亲身边,“目不交睫,衣不解带”,母亲喝的汤药必须自己亲口尝过,不凉不烫才送给母亲喝。结果文帝的仁孝传闻于天下,《孝经·天子章》说他尽了“天子之孝”,“爱敬尽于事亲,而德教加于百姓,刑于四海”。他把对亲人的孝、爱、敬延伸到了百姓身上,赢得了天下百姓的拥戴,开创了“文景之治”的盛世。这大概就是“以身作则”的力量吧。

《鹿乳奉亲》讲的是春秋时期郯国国君郯子的故事。郯国很小,相当于我们现在的一个县。据说,郯子治国有方,讲道德、施仁义,百姓心悦诚服,特别是他把周代的官制、礼仪都保留下来,使人们了解了许多官名的来历。孔子听说了这件事,到郯国以郯子为师,两人有相见恨晚之感。郯子的仁孝之德体现在“鹿乳奉亲”的故事中。“郯子,性至孝。父母年老,俱患双眼,思食鹿乳。郯子顺承亲意,乃衣鹿皮,去深山,入鹿群之中,取鹿乳以供亲。猎者见欲射之,郯子具以情告,乃免。”历代统治者视郯子为德、才、威、雅的化身,这也验证了孔子“孝为德之本”的论断。

《涤亲溺器》讲的是北宋太史黄庭坚的故事。黄庭坚的诗文与苏东坡齐名，又是数一数二的大书法家。他生性至孝，认为只有自己亲手为母亲洗涤便器，才能让老人得到更大的宽慰，所以每天都“亲涤溺器”，每刻都在尽一个儿子应尽的孝道。

孝心靠细节体现。父母不能自理了，花钱雇一个保姆是必要的，但是，如果把大小事情都推给保姆，自己当个看客，恐怕还是不能让父母高兴。因为父母爱的是你，希望看到你的关爱与行动，特别是喂水喂饭、端屎端尿这样的事，给谁干都不如儿女自己干合适。如果不能像黄庭坚那样每天“亲涤溺器”，那每天坐在床前，为父母掖掖被角，喂喂药，按摩一下父母的身体，应该能够做到吧？父母养育你十八年，你能不能回报十八个月呢？如果能，父母一定会觉得自己是天下最幸福的父母。

二、孝感动天型

孝感动天型的故事有一个模式：孝子的父母需要某一样东西才能生存或病愈，而现实中，这种东西很难找到。但是，由于孝子虔诚以求，孝心感天动地，天神就帮助孝子实现了心愿。孝子故事编撰者往往觉得只写对父母无微不至的照顾还不足以显示其孝心的赤诚，而神灵的出现似乎证明了“人在做，天在看”这句古谚语的寓意，证明天人感应的存在。《二十四孝》中，《涌泉跃鲤》《卖身葬父》《闻雷泣墓》《哭竹生笋》是此类故事的典型。

《涌泉跃鲤》讲的是东汉时期一位小官姜诗和妻子庞氏孝敬母亲的故事。这个故事在《二十四孝》里比较简单，《后汉书·列女传》记载的情节更为生动。姜诗和妻子住在距离长江六七里远的地方，但是他的母亲偏偏喜喝长江水，于是，庞氏常常要到遥远的江边取水，非常辛苦。婆婆爱吃鱼，觉得一个人吃鱼寂寞，夫妻就请来隔壁的老太婆与她一起吃，以博欢心。一日因风大，庞氏取水晚归，婆婆很生气，令姜诗将她逐出家门。庞氏寄居在邻居家中，把满腔委屈化为孝敬婆婆的行动，昼夜辛勤地纺纱织布，将积蓄所得托邻居买鱼送去孝敬婆婆。婆婆少了庞氏的照料，生活质量下降了一大截，知道庞氏对她孝敬如初后，十分后悔，让姜诗将儿媳请回家中。庞氏回家这天，院中忽然涌出泉水，口感与长江水相同，每天还有两条鲤鱼跃出。从此，庞氏便用这些供奉婆婆，不必远走江边了。

这个故事，隐含了一个婆媳矛盾如何处理的命题。婆媳矛盾是个世界性难题，西方的婆婆解决的办法是不住在一起，少接触。一位情商很高的外国婆婆说，我与儿媳相敬如宾的办法是待在一起的时间不超过一顿晚饭的时间，因为儿子最亲的人已经不再是我，我要识趣。但是，在中国这个家庭观念深厚的国度，如果婆婆和儿媳接触时间太短，即使相敬如宾，别人也是要说闲话的。比如说媳妇不懂报恩，说婆婆不管孩子等。但接触太多，矛盾便多了起来。在中国调解婆媳矛盾，儿子的情商必须高，媳妇说了婆婆的不是，儿子就不能傻乎乎地去向母亲求证；婆婆抱怨媳妇，儿子也不能转身就去批评媳妇。有人形容儿子在婆媳之间，如同老鼠钻进风箱里，两头受气。两头受气是对的，吸收两边的怨气在自己心里消化，然后就地化解矛盾。在媳妇那儿说婆婆的好，在母亲那儿说媳妇的孝，“哄”高兴了就好。因为家庭矛盾本来就没有什么对错。

特别需要提醒的是，许多儿子在婆媳矛盾中会不由分说站在母亲一边斥责妻子，甚至家暴妻子，这是非常愚蠢的，只能激化矛盾。儿子要学会中立，学会两头受气，两边赔笑，不要试图改变别人，而要以深情的爱表达自身的渺小，凸显母亲、妻子的正确。这样做，看似平庸，实际上却保证家庭的平衡稳固。这也算是一种“中庸之道”吧。

《卖身葬父》的故事，只有短短四句：“汉董永，家贫。父死，卖身贷钱而葬。及去偿工，途遇一妇，求为永妻。俱至主家，令织缣[①]三百匹，乃回。一月完成，归至槐阴会所，遂辞永而去。”

相比《二十四孝》的记载，东晋史学家干宝的《搜神记》要详细许多。《搜神记》中的董永是汉朝千乘人（今山东省高青县），年少时死了母亲，和父亲相依为命。父子努力种地，仅得温饱。平时，董永出门，都是用独轮小车载着父亲。父亲死的时候，董永没有钱办丧事，贫寒的董永决定卖身为奴，用卖身的钱办丧事。主人知道他是个孝子，并不要他卖身，而是给了他一万钱让他走了。但是董永信守承诺，守丧三年过后，他就起身要回主人家做奴仆。走在路上，他碰见一个女子，女子对他说：“我愿意做你的妻子。”于是董永带着女子一起来到主人家。主人见了董永觉得奇怪，说：“我不是已经把钱给你了吗？”董永说：“蒙君之惠，家父得以入土为安，我虽然是个小人物，但必须言而有信，愿意服务您，报您的厚德。”主人问：“这位妇人有什么才能？”董永说：“会织。”主人说：“好呀，如果你一定要报恩的话，让你的妻子替我织一百匹细绢就行了。”于是，董永的妻子开始给主人家织绢，十天就织了一百匹。出了门，那位女子对董永说：“我是天上的织女。因为你的孝名远扬，天帝令我下凡助你。”说完，仙女凌空而去，转眼就不见了。

这个故事，借鉴了一个更古老的传说：牛郎织女的传说。“织女”“牵牛”二词见诸文字，最早出现于《诗经》中的《大东》篇。诗中的织女、牵牛是天上两个星座的名称，它们之间并没有什么关系。到了东汉时期的《古诗十九首》中，牵牛、织女已是一对相互倾慕的爱人，

① 缣（jiān），双丝的细绢。

端庄美丽的织女，隔着天上的银河脉脉含情眺望自己的恋人。

迢迢牵牛星，皎皎河汉女。
纤纤擢素手，札札弄机杼。
终日不成章，涕泣零如雨。
河汉清且浅，相去复几许。
盈盈一水间，脉脉不得语。

后来，故事更加传奇，因为织女是天帝之女，能在“十日之内，织绢百匹”，民女们为了成为纺织高手，便于每年农历的七月初七向她“乞巧”。再后来，又有了“鹊桥相会”的故事。

董永至孝，以贫贱之身，得到天帝的青睐，派公主下凡与其成亲，让孝子享受天伦之乐，可谓善有善报。诗云：

葬父贷孔兄，仙姬陌上逢。
织缣偿债主，孝感动苍穹。

据说，湖北孝感的地名，就是因董永与织女的故事而得名。

《闻雷泣墓》讲的是魏晋时期孝子王裒的故事。王裒的父亲王仪因为直言惹祸，被司马昭杀害后，王裒便隐居起来，以教书为业，终身不面向西坐，表示永远不为晋朝服务。因为父亲惨遭横祸，王裒对母亲格外孝顺。王裒母亲活着的时候，害怕天上打雷的声音，她去世后，葬于山林之间，每遇雨天打雷，王裒就会冒雨跑去母亲的墓地，跪在那里流着泪说：“母亲，你不必害怕，儿子在你身边呢。”王裒教书时，每次讲到《诗经》的《蓼莪》篇，都很难控制自己的感情，“遂三复流涕”，以至于他的学生怕他太过伤心，不让他再教授这首诗了。

《蓼莪》[1] 是一首中国最古老的关于孝敬的诗，对后世影响深远，甚至皇帝的诏书里也常常引用。

蓼蓼者莪，匪莪伊蒿。哀哀父母，生我劬劳[2]。

蓼蓼者莪，匪莪伊蔚。哀哀父母，生我劳瘁。

瓶之罄矣，维罍之耻。鲜民之生，不如死之久矣。无父何怙？无母何恃？出则衔恤，入则靡至。

父兮生我，母兮鞠我。抚我畜我，长我育我，顾我复我，出入腹我。欲报之德。昊天罔极！

南山烈烈，飘风发发。民莫不穀，我独何害！

南山律律，飘风弗弗。民莫不穀，我独不卒！

莪蒿是一种香美可食用的草，又名抱娘蒿，诗人以莪蒿比喻人成材且孝顺；而蒿与蔚，皆不可食用，样子也丑，诗人自恨不如抱娘蒿，痛心自己不成材又不能终养尽孝。想到父母吃尽苦头把自己养大，没有享一天福就离开了，禁不住眼中含泪，心中啼血。汲水的瓶子和盛水的坛子都空了，孤独活着没意思，不如早点去死。没有了父母，我出门在外，满心忧伤，回到家里，荒凉之感比在野外还凄凉。父亲啊，你给了我生命，母亲啊，我在你怀抱中长大，你们爱我爱到一时半刻也不忍离开，时时刻刻都想着我照顾我。想报答父母的恩德，不料老天降灾祸。南山上山风凛冽，为什么别人都有报答父母的机会，唯独我没有？

孝子王裒的父亲无罪被杀，母亲在哀痛和贫病交加中死去，他的悲

① 蓼（lù）蓼：长又大的样子。莪（é）：一种草，莪蒿又称“抱娘蒿”。

② 劬（qú）劳：劳累之意。

伤无以言表。所以，每当他读到《蓼莪》都会涕泪横流，悲不能抑。

这个故事说明，子女对父母有负疚之情才懂得感恩，懂得感恩才知道孝敬，知道孝敬才能成为君子。

《哭竹生笋》说的是三国时孟宗的故事。他父亲很早去世，母亲艰难地把他拉扯大，把他培养成了一个读书人。母亲年老的时候，突然生了重病，吃不下东西。孟宗很着急，问母亲想吃点什么，母亲说，想喝竹笋煮的羹。可是竹笋只有在春天的时候才有，现在是隆冬时节，哪里会有竹笋呢？孟宗跑到山上的竹林里，见不到一根竹笋，恨自己连母亲的这点愿望都不能满足，抱着竹子大哭起来。他的眼泪滴滴入土，土地爷大为感动，"须臾地裂，出笋数茎"，地上冒出了鲜嫩的竹笋。孟宗把笋带回家，给母亲做了一道鲜美的竹笋羹。母亲感受到儿子的孝心，病已好了一半，又喝上了竹笋羹，病立刻好了。后来，孟宗官拜司空[①]。

孟宗可以为久病的母亲遍寻竹笋，做竹笋羹，你做得到吗？

三、心灵感应型

我们的祖先认为人是能够产生心灵感应的。心灵感应被认为是一种超能力，也被称作直觉、预感、第六感等，指的是两个人之间不用视觉、听觉、嗅觉、味觉、触觉这五种传统感觉，而用"第六感"来传递信息。母亲怀胎十月，养儿到成人，往往能从孩子的表情、声音、姿态、行为感应到他的内心。彼有所动，此有所感，相互感应，息息相关。于是，父子、母子间发生心心相印的事情就不足为奇了。甚至每个人都会有这方面的经历，比如父母会托梦告诉你可能发生的事情，而这件事情后来真的发生了。《啮指痛心》《刻木事亲》的故事就是心灵感应和神奇想

① 司空：古代官名，主管礼仪、德化、祭祀，也有说主管城建和水利等土木之事。

象的产物。

《啮指痛心》说的是孔子门生曾参的故事。《二十四孝》中收录了三个孔子弟子的故事。孔子有名人效应，孔子的弟子也有名人效应，夸弟子就是夸老师，这是作者在向孝道理论的整理者和首倡者表达敬意。

曾参学识渊博，曾提出“吾日三省吾身”的修养方法，《孝经》就是根据他与孔子的对话编纂而成。曾参家中并不富裕，他在读书之余常常到山中砍柴，以减轻母亲的负担。有一天，家里有客至，曾参却迟迟回不来，母亲不知所措，就用牙咬自己的手指。远在山中的曾参忽然觉得心疼，感觉母亲在呼唤自己，便背着柴迅速返回家中，见到母亲，急忙跪问缘故。母亲说：“有急客至，所以我咬手指盼你回来。”

这个故事说的是母子连心。一个至孝的人不言不语，就能感知母亲的需求。

《刻木事亲》讲述了孝子丁兰的故事。孝子丁兰，相传为东汉时期河内（今河南沁阳一带）人，幼年父母双亡，他思念父母，于是用木头刻成双亲的雕像，对待雕像就像对待活着的父母一样，大小事情均和木像商议，每日三餐敬过双亲后自己方才食用，出门前要禀告一番，回家后一定请安，从不敢懈怠。久而久之，丁兰的妻子觉得他滑稽可笑，心想，这不过是一对木头人，用得着如此恭敬对待吗？如果他们真的能听懂人言，那想必是活人。于是，她就用针刺了一下木像的手指，这时，意想不到的事情发生了，木像的手指居然真的有血流出。丁兰回家后拜见木像，见父母的雕像眼中垂泪，便追问妻子，妻子不得已说出实情，他遂将妻子休弃。

这个故事虽然不符合事实逻辑，但是符合《孝经》的感应说。正因为孝子深情，木像才能感应。不仅有了血肉之躯，还有了细腻的情感，因此木像既会流血，也会流泪。

四、反哺父母型

反哺，就是感恩父母。父母养我十八朝，何以为报？感恩。恩，按照古汉语的解释，是惠，是泽，是爱，是仁。就是用爱回报父母。古人诗曰：“丈夫不感恩，感恩宁有泪。心头感恩血，一滴染天地。”感恩怀德是做子女的基本道德。

《芦衣顺母》说的是孔子的学生闵子（字子骞）的故事。

闵子很小的时候，母亲去世了，他的父亲给他娶了个后妈。后妈偏心，冬天做棉袄，她给自己两个亲生儿子的棉袄里放的是棉花，给子骞的棉袄里放的是芦花。父亲带三个儿子出去，看到子骞冻得直打哆嗦，两个弟弟却一点也不觉得冷，生气了，说他穿得比弟弟厚却是这种样子，就用马鞭抽了他。这一鞭，把子骞的棉袄打烂了，顿时，芦花漫天飞舞。子骞的父亲这才知道儿子被后妈欺负了，回家执意要休了后妈。没想到，年幼的子骞坚决不同意。他跪地求情说：“‘母在一人单，母去三人寒。’后妈在只有自己一个人受苦，如果后妈被休了，兄弟三人都要挨冻。”

后妈看到子骞这么小就有这么大的肚量，非常懊悔，从此对子骞跟对她的亲生儿子一样好。子骞宽恕了父母，也改变了父母，得到了孔子的称赞。俗话说，“天下无不是的父母”，生你养你一场，一时犯糊涂、偏心眼，儿女不应计较。

《怀橘遗亲》说的是三国时苏州人陆绩的故事。陆绩博学多识，通晓天文、历算，曾作《浑天图》，注《易经》，撰写《太玄经注》。他为官时任广西交州郁林郡太守，此地产珍珠宝石，是发财的好机会。可是，清廉的陆绩卸任时却两手空空，几乎没有什么随身行李。他从海路返回苏州时，轻舟难避海风狂浪，只得取一块大石头压舱，那块巨石被后人称为“廉石”，至今还陈列在苏州文庙的庭院里。陆绩所处的三国时代，群雄并起，英雄辈出，他的名气远远比不上曹操、孙权、刘备、诸葛亮、周瑜等叱咤风云的谋臣猛将，但他身体力行先哲修身治国之道，心念黎民苍生之苦，他的名气更隽永也更绵长。

陆绩 6 岁时，随父亲陆康到九江谒见袁术。袁术是一方枭雄，曾经自封皇帝，后被吕布、曹操打败。袁术拿出橘子招待父子二人，陆绩往怀里藏了两个橘子。临行时，陆绩举手辞别，橘子从衣服里滚落出来。袁术笑道："陆郎来我家做客，走的时候还要怀藏主人的橘子吗？"陆绩沉着地回答说："母亲喜欢吃橘子，我想拿回去给母亲尝尝。"袁术见他小小年纪就懂得孝顺母亲，连连称奇。

小细节大品性，真情义最自然。

陆绩 6 岁就懂得反哺母亲，已经可以感受到他内心的力量，窥见其日后的作为。

《拾葚异器》说的是东汉时期蔡顺孝敬母亲的故事。蔡顺是河南汝南人氏，自幼丧父，少孤养母，是个至孝的孩子。史书上记载了蔡顺孝母的三件事。

其一是"拾葚异器"。蔡顺小时候正逢"王莽篡位"的末期，天下大乱，饥荒蔓延，甚至到了"人相食"的地步。为了不让老母亲被饿死，蔡顺到山野捡拾桑葚，并且把颜色不同的桑葚放在不同的小罐里。这时，他路遇了起义的赤眉军[①]，赤眉军见他只捡了一点桑葚还分成两份，便问他为什么？蔡顺说："黑色的桑葚味道甘甜，用来供养母亲；红色的味道酸，留给自己果腹。"结果，被称为"贼"的赤眉军见其孝顺，"以白米牛蹄赠之"，让他奉养老母。

其二是"抱棺回火"。蔡顺母亲去世，还没来得及下葬，突然邻家发生了火灾，眼看就要烧到母亲的棺椁，蔡顺束手无策，只能趴在母亲

① 王莽时期樊崇等人领导的起义军，为与敌军区别，用赤色染眉，因称"赤眉军"。

的棺材上大哭。这时，奇怪的一幕发生了，大火绕过了蔡顺家，母亲的棺椁得以保全。

其三是“老井生藤”。母亲 90 岁去世那年，蔡顺家一口老井上的辘轳也朽了。蔡顺因为母亲刚刚去世，不敢去触碰老母亲用过的物件。不久，井边长出了藤蔓，紧紧地缠绕着辘轳，使其坚固。

蔡顺成为远近闻名的孝子，考虑到他的母亲已经去世，人们推荐他出来做官，他不答应，说是离家出去做官，会远离母亲的坟墓。于是，他守在老家和母亲身边，直至终老。

《戏彩娱亲》说的是春秋时期有位隐士叫老莱子，为躲避乱世，自耕于蒙山南麓。他生在一个长寿之家，70 岁的时候，父母还健在。他非常孝敬父母，极尽所能把最好的食物供奉给二老。为了让老人不寂寞，他经常穿上五色斑斓之衣，像婴儿一样在父母身边戏耍玩闹，逗老人开心。有一次他进堂屋为双亲送水，假装跌倒，卧在地上模仿婴儿的啼哭之声，以博取父母的欢心。孔子称赞他说：“德行高洁，讲求忠信，即使整天说话，也不会出错。而国家混乱，身处低位时不愁闷，生活贫困却能保持快乐。这是老莱子的品行。”

《扇枕温衾[①]》说的黄香的故事。

东汉时的黄香是湖北云梦人，少年时即博通经籍，文采飞扬，京师有“天下无双，江夏黄香”的民谚。黄香 9 岁那年，母亲去世，他悲痛欲绝，乡亲们见他人这么小就如此深情，对他赞扬有加。黄香见失去妻子的父亲神色凄然，生活无人照顾，就尽力为父尽孝。夏天暑热，他扇凉其枕席；冬天寒冷，他先用身体暖热被窝。江夏太守刘护听说此事，上书皇帝称赞他，并把他召到自己府里做事。

《全相二十四孝诗选》赞曰：冬月温衾暖，炎天扇枕凉，儿童知子职，

①衾（qīn）：被子。

千古一黄香。

《三字经》赞曰：香九龄，能温席。孝于亲，所当执。

《行佣供母》故事里的主人公江革，也是少年有为。

江革，生于东汉时期。他幼时聪敏有才，学习刻苦，史载其雪夜秉烛，好学不倦。后来他长期在中央机构任高官，三次任郡守。《行佣供母》的故事发生在他的少年时期。当时，因王莽篡位，刘秀起兵进行了长达十二年之久的统一战争。军阀混战，小民遭殃。少年江革为避战乱，带着小脚的母亲逃难，母亲走不了远路，江革就背着母亲前行。途中数次遇到匪盗，贼人将他劫走，江革哭告："老母年迈，无人奉养。如果把我抓走，就等于杀了老母。"

那时的匪盗也多是没有生路的农民，他们见江革孝顺，不禁想起了自己的父母妻儿，便不忍杀他，放他离开。后来，母子迁居至江苏下邳，身处异乡，一穷二白的江革只能去做雇工供养母亲。自己衣不蔽体，打着赤脚，省吃俭用，但时刻想着母亲的衣食冷暖，母亲的日常生活所需，没有一样缺少。

江革孝名远播，先后受到两任皇帝的表彰。汉明帝时，他被推举为孝廉，汉章帝时被推举为贤良方正。

江革的孝心居然把匪盗感动了，这说明孝敬父母是人之天性，纵然有铁石心肠，也会被父母之爱融化的。

孝敬也给江革打开了事业成功之路，成为孝廉之后，他摆脱了低下卑微、食不果腹的困境，得以升职为高官，施展才华。这也算是善有善报吧。

《尝粪忧心》是一个关于牺牲精神的故事。

庾[①]黔娄，河南新野人，是南齐朝的一位高士。庾黔娄少年时就能

① 庾（yǔ）：姓。

给人讲述《孝经》，神色坦然自信。传说他当地方长官时，当地为害百姓的老虎都退避三舍。后来，他被任命为孱陵县令（今湖北公安一带），离家上任不满十天，忽觉内心惊惧，冷汗淋淋，预感家中有事，当即辞官返乡。回到家中，家人都感到惊奇，告诉他说，父亲已病重两日了。医生嘱咐说："要知道病情吉凶，尝一尝病人粪便的味道便知，味苦就好。" 庾黔娄去尝父亲的粪便，发现味甜，内心十分忧虑，夜里跪拜北斗星，乞求自己可以代父去死。几天后父亲死去，庾黔娄安葬了父亲，并守孝三年。后出任郡守和皇帝的顾问等职务。

这个故事的要点有二，其一是辞官，其二是尝粪。

辞官是为了父亲而暂时牺牲个人前程。父亲只有一个，许多人因为公务在身，没有在父亲临走前见上一面，阴阳两隔之后，常常会在梦里听到父亲叫自己的名字，留下终生遗憾。必须承认，因为公务而不能送父母最后一程，牺牲"小我"成全"大我"也是对父母的一种告慰与报答。但是，如果是因为怕自己离开会失去升迁的机会，或是怕损失领导的"印象分"而不去看望重病的父母，就不好了。官阶一级一级望不到顶，升到高位也未必是好事。俗话说，高处不胜寒。职位越高，因职获罪或削为庶民的可能性越大。所以，如果因为孝敬父母而少升了一级，我看不是坏事，说不定正是父母让你避祸呢。

《乳姑不怠》说的是媳妇孝敬婆婆的故事。

旧时妻称夫的母亲为姑，"乳姑"是指媳妇用自己的乳汁喂养婆婆。崔管是唐代博陵（今属河北）人，官至山南西道节度使，人称"山南"。崔山南很小的时候，他的曾祖母长孙夫人年事已高，牙齿脱落，吃东西困难。长孙夫人的儿媳、崔山南的奶奶唐夫人十分孝顺，每天盥洗后，就会上堂，礼数周全地用自己的乳汁喂养婆婆。

我们知道，母亲的奶水是用来喂养孩子的，如果让婆婆吃了，孩子可能就会挨饿。但是，唐夫人会用米汤一类的食物喂孩子，省下奶水喂养不能吃饭的婆婆。一段时间之后，长孙夫人虽然不再吃其他的饭食，但身体依然健康。后来，长孙夫人病重，她将全家老小叫在床前说："我无以报答新妇之恩，但愿新妇的子孙媳妇也像她孝敬我一样孝敬她。"后来崔山南做了高官，非常孝敬祖母唐夫人，崔家的孝敬之风也一代代传了下来。

《百里负米》说的是孔子的学生子路的故事。子路从小家境贫寒，经常吃野菜度日，他觉得自己吃野菜没关系，但担心父母营养不够，于是从百里之外背米回来孝敬父母。父母去世后，子路在楚国做了官，随从的车马有百乘之众，所积的粮食有万钟之多，坐的是锦垫，吃的是大餐，但是他说："我最怀念的是我吃着野菜为双亲背米的日子。可惜，那样的天伦之乐已经一去不返了。"孔子听子路这样说，赞扬道："你侍奉父母，可以说是生时尽力，死后思念哪！"

许多人在思念亡故的父母时，都会充满遗憾，正所谓"树欲静而风不止，子欲养而亲不待"。父母在的时候，总觉得日子长着呢，以后有的是时间孝敬他们，可是，仿佛转眼之间，父母就不在了，只留下数不清的遗憾和内疚。每到夜深人静，这些遗憾和内疚就会像蚕吃桑叶一样，把我们的心咬得千疮百孔。

《弃官寻母》说的是宋朝朱寿昌的故事。朱寿昌出身于官宦之家，他的生母亲刘氏是朱家的妾。朱寿昌 7 岁时，生母被父亲送走改嫁。朱寿昌长大后，荫袭父亲的功名，当了官，却一直没有忘却生母。在母子分离 50 年后，他辞去官职，千里寻母，将老母亲及其改嫁后所生子女全部接回家中供养。宋神宗得知此事，诏令朱寿昌官复原职。王安石、苏轼听说后，纷纷写诗赞美。

五、舍身受难型

舍身受难，可能是《二十四孝》的编者特别想推崇的部分，舍身受难的孝子代表了一种牺牲精神，这种牺牲精神是奉献的最高境界。当一个人愿意牺牲自己的利益或生命去换取父母的幸福时，他或她就成了一个圣者。但是，令古代儒者想不到的是，恰恰是他们最为得意的“舍身受难”，成了现代人最为诟病的部分，认为其不近情理，蔑视晚辈的个人尊严，是“愚孝”的表现。我把这些故事讲给大家，见仁见智，由读者自己评判。

《恣蚊饱血》讲的是一个8岁的孩童想用自己的血喂饱蚊虫，换来父亲安睡的故事。孩子的想法固然天真，但正因其天真与真情而令人动容。

故事的主角叫吴猛，生活在晋朝，河南濮阳人。吴猛8岁时就懂得孝敬父母。当时他家里贫穷，买不起蚊帐，夏天乡间蚊虫成群，叮得父亲不能安睡。于是，每天睡觉时，吴猛总是赤身躺在父亲床前，放任蚊虫叮咬自己而不驱赶。他认为蚊虫吸饱了自己的血，就不会再叮咬父亲了。

吴猛后来成为一个得道高人，是净明道信仰体系里十二真君之一，被称为是中国道教的师祖级人物。

《卧冰求鲤》讲述的是晋朝一个叫王祥的人在冰封的河面为继母捕鱼的故事，最早出自干宝的《搜神记》。王祥，琅邪人（今山东省临沂附近），性至孝。他的生母很早就去世了，继母朱氏缺少慈爱之心，屡次给丈夫吹枕边风，数落王祥，父亲因此嫌弃他，专门让他干打扫牛圈、铲牛粪一类的脏活累活。但王祥以德报怨，孝敬如初。父母有疾，他衣不解带在一旁陪护。天寒冰冻的时候，继母提出想吃活鲤鱼，并不会捕鱼的王祥来到冰冻的河面，解开衣服，卧在冰上，希望用体温化开冰面捕鱼。正在此时，冰面忽然裂开，跃出了两条鲤鱼。乡里惊叹，以为孝感动天所致。王祥隐居多年后，因孝名被加官晋爵，从温县县令做到大司农、司空、太尉。寿终 84 岁。

对于王祥“卧冰”一说，有人认为是误读，因为《搜神记》写的是“将剖冰求之”，“剖”的字意是“将某物切断”，也有“解”和“破”的意思，并不是“卧”，而《二十四孝》将“剖冰求之”改成了“卧冰求之”。这一改，使这个故事出现败笔，听着有点不近情理。

《扼虎救父》讲述的是一个孝女的孝行。杨香是晋朝山东人，是一位 14 岁的少女。一天，她跟随父亲杨丰去收割谷子，突然从青纱帐中窜出一只老虎，把杨丰扑倒叼走了。当时杨香虽然手无寸铁，但她在那一刻全然忘记了害怕，“惟知有父而不知有身”，奋力冲上前去，扼住老虎的脖颈不松手，老虎猛然受到惊吓，慌忙丢下父女俩逃走了。听说杨香以诚孝致感，猛兽都为之逃走，当地的太守专门登门慰问，赐给钱粮，还将一块匾额挂在杨家门庭之上。

《埋儿奉母》是《二十四孝》中最遭人非议的故事。郭巨，是晋朝隆虑人（今河南省林州市）。有人说他家原本就十分贫困，也有人说他原本出生于殷实之家，父亲去世后，他作为长子做出表率，把家产分给了两个弟弟，自己独自供养母亲。郭巨对母亲非常孝敬，但由于家境不好，心中对母亲有许多愧疚。不久，他的妻子产下一个男孩，郭巨的母亲非常疼爱孙子，就节省自己的口粮让孙子吃。转眼儿子 3 岁了，饭量越来越大，母亲越吃越少。郭巨看到这些，内心不安，与妻子商议说：“我们现在贫乏得不能供养母亲，而儿子又要把母亲仅有的食物吃掉，我看应该把儿子埋掉。儿子可以再有，而母亲死了不能复活呀。”妻子虽然不忍，但不敢违背郭巨的意愿。于是，郭巨就找了一个地方挖坑，挖到地下三尺深的地方，忽见一坛黄金，上面写：“天赐孝子郭巨，官不得取，民不得夺。”夫妻得到黄金，回家孝敬母亲，并得以兼养孩子。

郭巨的故事最早见于《搜神记》，宋代《太平广记》也有记载。如果说，《二十四孝》其他故事的精神内核还是“善”与“爱”的话，那么，郭巨埋儿的故事就未免陷于畸形和残忍了，虽然故事的结尾，他的儿子并没有被埋。

明朝李默在《孤树裒谈》中说：“孝，就是好好侍奉亲人。若不合人情事理，就是天天大鱼大肉，也是不孝。为了让老娘吃口好的，就要杀无辜的幼子，这就是陷亲人于不义，罪莫大焉！”明朝林俊质问郭巨：“你把儿子埋了，母亲要问孙子哪去了，你说不说实话？要说实话，奶奶一气病死了，你弑母的罪名可就担上了。你到底是孝还是不孝？”

鲁迅在《朝花夕拾》中对《二十四孝图》的批评，主要是针对郭巨埋儿的故事。

我请人讲完了二十四个故事之后，才知道“孝”有如此之难，对于先前痴心妄想，想做孝子的计划，完全绝望了。

……其中最使我不解，甚至于发生反感的，是“老莱娱亲”和“郭巨埋儿”两件事。

……玩着“摇咕咚”的郭巨的儿子，却实在值得同情。他被抱在他母亲的臂膊上，高高兴兴地笑着；他的父亲却正在掘窟窿，要将他埋掉了。说明云，“汉郭巨家贫，有子三岁，母尝减食与之。巨谓妻曰，贫乏不能供母，子又分母之食。盍埋此子？”但是刘向《孝子传》所说，却又有些不同：巨家是富的，他都给了两弟；孩子是才生的，并没有到三岁。结末又大略相象了，“及掘坑二尺，得黄金一釜，上云：天赐郭巨，官不得取，民不得夺！”

我最初实在替这孩子捏一把汗，待到掘出黄金一釜，这才觉得轻松。然而我已经不但自己不敢再想做孝子，并且怕我父亲去做孝子了。家景正在坏下去，常听到父母愁柴米；祖母又老了，倘使我的父亲竟学了郭巨，那么，该埋的不正是我么？如果一丝不走样，也掘出一釜黄金来，那自然是如天之福，但是，那时我虽然年纪小，似乎也明白天下未必有这样的巧事。

……我从此总怕听到我的父母愁穷，怕看见我的白发的祖母，总觉得她是和我势不两立，至少，也是一个和我的生命有些妨碍的人。后来这印象日见其淡了，但总有一些留遗，一直到她去世——这大概是送给《二十四孝图》的儒者所万料不到的罢。

鲁迅的意思是，《二十四孝图》中那些孝子们的故事，原本该是很感人的。只可惜，一代代人们给它披绫挂彩，涂脂抹粉，将感人的真实涂抹成了矫情。

不过，总体来说，《二十四孝》的故事通俗易懂，在普及推广孝道文化方面功不可没，我们去除其中的糟粕，将其精神内核用于个人的修养和内省，对改变社会风气和增进家庭和睦还是非常有用的。毛泽东就说过：我们主张家庭和睦，父慈子孝，兄爱弟敬，双方互相靠拢，和和气气过光景。所以，我们还要提倡父慈子孝。当然，这样做，并不是无条件的。①

时代在变，思想观念在变，但人类出自本能的天然情感是不会变的，人们对于爱和被爱的需求是不会变的。这就是当下中国社会急切呼唤“孝道”的原因。

① 毛泽东：《毛泽东文集》第三卷，人民出版社，1996 年，第 115-116 页。

第六课

六位皇帝为何争相“御注”《孝经》

——《孝经》与人生幸福的关系

一

1656年，刚刚19岁的顺治皇帝已经即位十三年了。那一年，他在紫禁城发布了《御注孝经》。发布当天是农历二月十五日，是一个月圆之日，人们通常认为，月圆之日是个吉祥的日子。

顺治是清朝入关第一帝。入关那年，他6岁。

这个小小少年是个奋发有为却早慧短命的人，他像流星一样飞快地划过历史的天空，发出短暂而又强烈的光芒。

顺治14岁亲理朝政，在皇室错综复杂的权斗中杀伐决断，得心应手，很快就确立了自己的统治地位。但直到那时，他还不通汉文，经常看着大臣的奏章不知道是什么意思。为了当一个称职的皇帝，他开始苦修汉文，每天五更起床读书一直到黎明。下朝之后，有时读书到深夜。顺治移居乾清宫后，他的寝室实际上成了一座小型书库。

顺治还有一个习惯，就是喜欢在阅读经史典籍之余，写读书笔记和评语。这位开国皇帝曾经问大臣，历史上各个时期的圣明之君谁为最佳？一位大臣说，唐太宗。顺治摇摇头：“朕以为明太祖的各种立法可垂永久。”但是不久，顺治就学着唐太宗的做法，开始“御注”《孝经》了。

苦读四年汉文就开始动笔注释《孝经》，可见顺治的聪慧与功力。对于这项工作，顺治认为是最大的事之一，他把空余时间都花在了这上面。他说自己再三研究和诵读《孝经》，越读越觉得“此书语言浅近而意义深远，道理简约而内容渊博”，是万世立身之本，是万世不可更动和改变的美德和规矩，是天下所有的圣人都不能更改的格言。

“故位无尊卑，人无贤愚，皆可以知而与能。”顺治说，孝是人的固有天性。懂得孝道，不过一个人普通的德行，没有什么稀奇的，关键在于切实奉行，而不是说说而已。

顺治的《御注孝经》全书共十八章，每章之下，以精练的一句话概括主题，讲明主旨。正文注解简洁明了，释义清晰，便于阅览。清代大学者纪晓岚是这部《御注孝经》的总纂官，他在给顺治皇帝的报告中，恭维说：“看了您御注的《孝经》，再回头看一看唐玄宗所注的《孝经》，感觉您注释这部书的水平超过他一万倍。”

根据历史记载，中国批注过《孝经》的皇帝一共有六位，一是晋元帝[①]的《孝经传》，二是晋孝武帝[②]的《总明馆孝经讲义》，三是梁武帝[③]的《孝经义疏》，四是唐玄宗[④]的《孝经注疏》，五是清顺治帝的《御注孝经》，六是清雍正帝的《御纂孝经集注》。到顺治帝注释孝经的时候，前三位皇帝注释的孝经已经遗失了，只有唐玄宗的《孝经注疏》传世。

那么，《孝经》是怎么一部经书，为什么六位皇帝都争相批注呢？

二

《孝经》相传为孔子与其弟子曾参的对话问答而写下的文章，也有人认为是曾参或曾参的学生所作。具有代表性的观点大约有六种：孔子

---

① 司马睿（276—323 年）：东晋开国皇帝，公元 318—323 年在位。

② 司马曜（362—396 年）：东晋第九位皇帝，公元 372—396 年在位。

③ 萧衍（464—549 年）：南北朝时期梁朝的建立者，公元 502—549 年在位。后人称其“才思敏捷，文笔华丽，不乏名作”。

④ 李隆基（685—762 年）：唐高宗与武则天之孙，唐代第六位皇帝。公元 712—756 年在位，生性英明果断，知晓音律，仪表伟俊，开创了唐朝的极盛之世——开元盛世。后因安史之乱退位当了太上皇。他与杨贵妃的故事广为人知。

说、曾子说、曾子门人说、子思说、孔子门人说、齐鲁间儒者说。争论至今也没有结论，但有一点可以确定，《孝经》是孔子孝道思想的集大成者。

《孝经》是中国十三部古典经书之一。另外十二部是《周易》《尚书》《诗经》《周礼》《仪礼》《礼记》《春秋左传》《春秋公羊传》《春秋谷梁传》《论语》《尔雅》《孟子》，因为历代将它们尊为儒家经典，故称为“经”。十三经，说白了就是中国传统文化的内核，是中国数千年历史的记录与总结。在汉唐时期，《孝经》被奉为“六经之本”①，很长时间以来，《孝经》是儿童启蒙教育的首选教材。

《孝经》像一部电影一样，生动地记录了孔子的思想和语言。曾子以学生的身份提问和记录，孔子作为老师和长者，告诉人们什么是“孝”，以及不同地位和身份的人如何行孝。

人们发现，《孝经》与《论语》的写作风格近似，孔子的弟子之所以把“孝道”的内容单独拿出来，与《论语》并列，说明孔子及其弟子对“孝道”充满敬畏，对“孝道”治国安民的功能深信不疑。

在孔子生活的那个时代，纸还没有发明出来，文章是写在竹简和木片上的，所以文章篇幅一般很短。

《孝经》全文只有 1799 个字，是儒家经典中字数最少的一部经。

与此同时，它也被誉为儒家学派论述“孝道”和“孝治观”的集大成者，特别是近年来，《孝经》受到越来越多人的关注，因为孔子所言之“孝”，源于其仁爱思想，与各种肤浅的爱的说教相比，具有永恒的、世界性的意义。

经过数千年岁月的积淀，孝文化早已渗透到中国人的血液之中，深

① 一般认为，六经是指《诗经》《尚书》《礼记》《乐经》《周易》《春秋》，但在汉唐时期，又有《孝经》为六经之本的说法。

入到社会的方方面面，上至国家法律、社会关系，下至普通百姓的日常生活、风俗习惯，影响无处不在，并铸就了中华民族重孝义的鲜明性格。

秦始皇焚书坑儒之后，《孝经》和许多古代经典一起一度消失，但后来，在孔子的宅壁中发现了大批竹简。事情的起因是汉景帝的儿子刘馀被分封到山东当鲁共王，刘馀有个爱好，就是扩建宫室，他曾经毁坏孔子的旧宅来扩建他的宫殿，但在拆屋的过程中，听到旧宅传出钟磬琴瑟的声音，联想到孔子的鼎鼎大名，他便有些畏惧，不敢造次，随后就在旧宅的空心墙壁中得到了一批古文经传。这些古书用当时通行于六国的文字写成。字体既与汉代通行的隶书不同，又与小篆有异，人称“蝌蚪古文”。《说文》所收“古文”，绝大部分都是这种字。一般认为这些书可能是战国时的写本，秦始皇“焚书坑儒”时被孔子的第九代嫡孙孔鲋偷偷地藏在古宅的墙壁内。鲁共王将这批书归还了孔家。为了纪念孔鲋的藏书之功，人们就在古宅的院子中修建了一座象征性的墙壁，称为鲁壁，又称孔壁。

被发现的《孝经》等壁中书文字古老，字迹也有些模糊，但经学还是由此繁荣起来了。这时，人们发现，由于文字和传承的不同，经典文献形成了今文和古文之争，学者对文章意义的理解有很大分歧。于是，从西汉开始，经常有皇帝召集学问一流的儒生开会，讨论对五经的不同意见，大家把各自的观点摆出来，有分歧的地方请皇帝决断，最后由大儒把决断结果编成标准答案，供人们学习。《孝经》同样也有今文古文之争和注疏不一的情况。于是，从晋朝开始，陆续有帝王注疏《孝经》。这说明历代统治者都意识到《孝经》的道德力量不可估量，以孝治国是一个不错的选择。

可惜，在唐玄宗之前的数百年间，晋元帝、晋武帝、梁武帝三位皇帝注疏的《孝经》都遗失了。

唐玄宗李隆基接班前后，历史经历了一个多政变的时期。从神龙元年（705 年）宰相张柬之等人乘武则天生病发动政变复辟唐朝开始，至开元元年（713 年）太平公主谋废唐玄宗为止，前后不过八年半时间，政变就发生了七次，皇帝更换了四回，政局极为动荡。

唐玄宗也是通过政变上台的。他在姑姑太平公主的鼎力支持下发动政变，粉碎了毒杀亲夫的韦皇后与其女儿安乐公主的篡权阴谋，但他登基后，因为争权夺利，与太平公主的关系逐渐恶化，很快反目，双方都欲除掉对方而后快。唐玄宗先下手为强，诛杀了太平公主的党羽，并不顾父亲求情，坚决将太平公主赐死。

数年之后，唐朝政局逐渐稳定，进入了“开元盛世”，唐玄宗反思这一段亲人之间互相杀戮的惊魂历史，心中充满愧疚与悔恨。他重估以孝治天下的理念与价值，开始重视《孝经》的注释、传扬与教化。

当时，《孝经》有今文、古文两种版本，两种注疏的争论仍然存在，为了尽快统一政治思想，唐玄宗决定融合今古文两家所长，亲自为《孝经》作注，并命儒生元行冲[①]作疏[②]，颁行天下。

唐玄宗在《孝经》序中写道：“朕听闻上古时代世风俭朴，人们虽然已经生发出孝敬父母之心，但因为生活匮乏，恭敬之礼还是过于简单了。然而，那时天下为家，各亲其亲，各子其子，慈爱之道，日益彰显。那些以孝治天下的明主圣君都知道，孝是可以教化人心的，所以，他们凭借父母的尊严来教导儿女尊敬父母，根据父母的亲情来教导儿女生发大爱之心，这样，百姓就会将孝顺移植为对君主的忠诚，然后可以立身扬名传之后世。孔子说：‘褒贬诸侯的善恶，我志在《春秋》，讲述人

① 元行冲（653—729 年），唐代文学家，河南洛阳人，北魏皇族常山康王拓跋素后裔。博学多通，尤善音律及训诂。为唐玄宗自注《孝经》作疏。著有《魏典》《群书四录》等。死后追赠礼部尚书。

② 疏，指对古书的旧注作进一步解释。

伦的尊卑之行，我在于《孝经》。’这就是孝为德之本的道理所在呀。”

近观《孝经》旧注，发现其中谬误和错误很多，大多数的解读都是追随前人的说法而已，并没有多少真知灼见。一些学术门派虽然专业，却互相指摘，互不服气。有些刚刚登堂的人，入不了孔子的门，就随意自开门户，就像驾车者想追赶前面的快车一样，必须跑到另外的车道上。结果，导致这些穿凿附会之徒蒙蔽了真相，大道被隐蔽在小道中。

我认为，注疏这件事，要以通晓孝经为重，解释其意义必须合情合理。任何事情，最合理最精当的解释只有一个，没有第二个，诸家之说，既然互有得失。何不剪裁其繁芜，而保留其核心的部分呢？

唐玄宗把他能找到的前世和当今六位大学者的注疏一一认真研读，综合他们的学术成果，然后找出他认为最精当的解释，加以注疏，制定了唐代解读《孝经》的标准答案，在开元①、天宝②年间两度颁行天下。

唐朝之后的宋代更是把以孝治国的理念推向了极致，皇帝亲自褒奖和因此升官的孝子孝女不计其数。但没有听说宋代的皇帝注疏《孝经》，大约是觉得有了唐玄宗的“御注”流传，他们不必再亲自动手了吧。

到清朝，情况发生了变化。作为少数民族统治者，清兵入关后，面对突然猛增的版图和人口，难题多多，特别是汉满两种文化的激烈碰撞，更是治国安邦的重大挑战。其实，早在清兵进入东北时，清朝的皇族已经在认真研究汉族文化，准备一统天下时派上用场。编纂《孝经》供顺治“御注”的大学士蒋赫德，就是1629年皇太极攻克河北遵化时挑选出来的品学兼优的儒生。蒋赫德当时不过14岁。皇太极把这批儒生送到沈阳文馆读书培养，为清朝入主中原做文化上的准备。蒋赫德后来成

① 开元（713—741年）：唐玄宗李隆基的年号，共计29年。

② 天宝（742—756年）：唐玄宗李隆基的年号，共计15年。

为顺治的贴身“大秘”，“屡充殿试读卷官、教习庶吉士[1]。修辑《明史》《太宗实录》，充副总裁；太祖、太宗圣训充总裁。译《三国志》……”官至文华殿大学士，兼礼部尚书。

有了蒋赫德这样“功力深厚”的国学老师，顺治皇帝经略中原就多了不少底气。他认同了中国自汉朝以来以孝治国的理念，认真学习《孝经》并写下读书笔记。要知道，当年，他不过 19 岁，相当于现在大学一年级新生的年纪。

顺治在《御注孝经》序中写道：“在朕看来，孝是所有品行中最高的，是君臣、父子、兄弟、夫妻、朋友五种伦理关系的根本所在。天地要依靠它完成教化，圣人要靠它传播真理，孝的思想从古到今都被遵循，放之四海而皆准，我认为天下没有比它更重要的真理了。

“然而，孝道虽然广大到包罗万象，但它源自于个人的亲善仁爱之心。每个人回想自己的童年，都会从心底孝敬父母，虽然那时年幼而懵懂，但已有天生的仁爱之心。

……

“虽然为善向善的道理来自普通民众之心，而启发世人深明大义的关键还必须依靠圣人的教诲。圣人著书立说，启迪人们天性中的善良，抒发儿女心中难以表达的情感，使天下人通晓孝道的根本原则，知道要把孝道持久不懈地运用于生活之中，在尽孝的过程中领悟孝道的精深，从而无愧于自己的生身父母。这就是孔子《孝经》之书写作的理由啊。

“朕在处理纷繁政务的闲暇之余，再三反复研读《孝经》，从开宗明义第一章一直读到结尾，只觉得此书语言浅近而意义深远，说理简约却博大精深。如果以此作为自立安身的根本，去探求成功之道，那么，

① 庶吉士：中国明清两朝时翰林院内的短期职位。从中进士的人中选择有潜质者担任，为皇帝近臣，负责起草诏书，为皇帝讲解经籍，也是内阁辅臣的重要来源之一。

社会风气就会为之改变，无论官员还是百姓，都恪守职分，恭敬孝顺父母，从而使父母感到幸福快乐。这种风气传播出去，就会影响到东西南北，普天之下都会奉行孝道，所以，我以为《孝经》是万世不可更改的美德与规矩，是任何圣人都无法更改的格言。从天子到庶民，不可一日无孝。”

……

值得一提的是，顺治皇帝还发布了“圣谕六训”：孝顺父母、尊敬长上、和睦乡里、教训子孙、各安生理、毋作非为。光绪年间，大学士们编纂了一本《宣讲拾遗》，收集相关的民间故事，用说书人的口吻讲述劝善故事。这部书相当于《孝经》的通俗读本，因为是用白话写的，非常好懂，也感人，所以民间至今还有流传。我的母亲就有这本书，老版的，一套六卷。我因为摔伤高位截瘫后，和母亲躲进嵩山的寒窑中修行，就着如豆的灯火细细品读，这景象至今仍历历在目。现将此书摘录如下。

人生在世，无论贵贱贫富，哪个身子不是父母生的？

众人各个回头思想，当日父母未生你时节，你身子在何处？可是在父母身上做一块不是？你身与父母身，原是一块肉，一口气，一点骨血。如何把你父母，看作是两个？

且说你父母如何生养你来？十个月怀你在胎中，十病九死。三年抱你在怀中，万苦千辛。担了许多惊恐，受了许多劬劳。冷暖也失错不得，饥饱也失错不得。但稍有些病痛，不怨儿子难养，反怨自己失错，恨不得将身替代。未曾吃饭，先怕儿饥。未曾穿衣，先怕儿寒。等得稍长，便延师教训。待得成人，便定亲婚娶。教你做人，教你勤谨。望你兴家立业，望你读书光显。哪曾一刻放下。若教得几分像人，便不胜欢喜。

若不听教训，父母便一生无靠，死也不瞑目。

死也割不断，父母这样心肠待儿子。

看来今日这个身子，分明是父母活活分下来的。今日这个性命，分明是父母时时刻刻养起来的。今日这个知觉，分明是父母心心念念教出来的。满身一毛一发，无不是父母之恩。为子的当从头思想，如何报得。及到你的身子，日长一日，父母的身子，日老一日了。若不及时孝顺，终天之恨，如何解得。我看今世上人，将父母生养他，恰是当该的，所以不能孝顺。岂知慈乌，也晓得反哺，羔羊也晓得跪乳。你们都是个人，反不如那禽兽，可叹可叹。

——《宣讲拾遗》卷一

顺治帝的孙子爱新觉罗·胤禛（雍正）是个自诩“以勤先天下”“朝干夕惕”的皇帝。他在任内进行了一系列的社会改革，取得了不错的政绩。他本人的学问也是非常不错的。他认为爷爷顺治以孝治国的思想非常有远见，注疏的《孝经》也属于一流的书，但是，他觉得爷爷注疏的《孝经》篇幅太长了，不仅文字上万，而且为了解释典故，就必须找到原文出处，原文之中，又出现了新的典故和生僻字词，又需要解释。他认为，这样的一个连环套，使注疏最终变成了“阳春白雪”，不利于在民间流传，更不可能家喻户晓。为了让《孝经》更加平民化，他采取了简化的方法，“专释经文，以便颂习，而词旨显畅，俾使读者贤愚共晓。”

雍正的《御制〈孝经〉序》篇幅较小，说理上也没有更多的新意，主要说明了自己再次注疏《孝经》的理由。他说：“我的父王[①]遵循并延续了我爷爷顺治皇帝注疏《孝经》的功业，命手下学问高深的大臣编辑了《孝经衍义》一百卷刊行全国，前后共用了二十四年时间，这是一

① 指康熙皇帝。

项永垂后世的事情。但是，我担心这部大书因为篇卷繁多，一般的读者不可能读完，所以我命令手下专译经文，以方便百姓学习。希望士大夫们，能把孝的精神化为忠于国家的力量，以扬名天下，使父母感到荣耀；希望平民百姓能认真修习，节省用度，让父母老有所养。这样，天下就会形成信任、谦让的风俗，邻里间一团和气，达到每家每户都可以封爵的德行。这才是我的本意和厚望啊。”

三

下面，我们开始解读《孝经》。

《孝经》第一章《开宗明义》，顾名思义就是讲孝道的宗旨和纲领。顺治皇帝批注说，目的在于让人明白“五孝”的含义和道理。

二千五百年前的某一天，风和日丽，孔子在自家的茅屋里闲坐，心情很好。他的学生曾参在一边陪坐。

曾参是孔子最喜欢的学生之一。他虽然比孔子小 46 岁，但孔子经过长时间的考查，认为他是可以教育的好学生。所以，孔子专门抽时间把自己的核心理念传授给他。

孔子转过头对曾子说：“昔日圣贤的帝王们，都有至高无上的品行和道德，从而使天下人心归顺，百姓和睦相处。上上下下没有怨恨不满。你知道最高的品行和道德是什么吗？”

曾子一听老师谈这么重要的话题，连忙站起身来，面对孔子站定说：“学生愚昧，怎么会知道呢？”

《礼记》规定，“师有问，避席起答。”所以曾子会起立回答问题。

孔子庄重地说：“最高的品行和道德就是孝。它是一切德行的根本，也是教化产生的根源。”他说：“你要知道，人的身体、毛发和皮肤，都是父母给的，不可轻易毁伤，这是孝道的开始。以德立身，实行大道，扬名于后世，从而使父母因你而荣耀，这是孝道的最终目标。所以实行孝道，开始于侍奉双亲，进而在侍奉君主的过程中发扬光大，最终目的是成就自己的德业。《诗经·大雅》说：‘常常怀念祖先的恩泽，念念不忘继承和发扬他们的德行。’”

孔子开宗明义，点出了孝道的宗旨，那就是天下人心归顺，百姓和睦相处，上下没有怨恨不满。而孝道的实行则分成两步，第一步，就是对得起父母的养育，知道父母把你养大所付出的辛劳。身体发肤，都是父母给的，必须时时加以爱护。因为如果你丧失了健康就可能会丧失奉养父母的能力，所以，爱惜自己也是孝敬父母的重要一环。第二步，就是努力成就自己。孔子认为，孝是修身养德的阶梯，通过这个阶梯，你才能心怀天下，忧国忧民，洞明世事，功成名就。

孔子认为，人生的最高境界必须靠孝敬父母这样具体而烦琐的小事才能达到。仁者爱人，你通过关爱父母兄弟，才能领悟如何与世人友爱相处，成为一个君子。

四

孔子通过阐述孝道的宗旨引出了他的“五孝”原则。

“五孝”是从君主到底层老百姓五种不同层次的尽孝之道，所以有人说是“五等之孝”。

孔子把孝分为五等，实际上是在体现他的政治主张，阐述他的治国之道。他把孝变成了一种与政治密切相关的东西。天子的孝，目的在于教化百姓；诸侯的孝，目的在于保护国家和人民；卿大夫的孝，表现为遵从先王的制度；士的孝，表现为忠于上级；庶民的孝，就是孝敬父母。

第一，天子之孝。

天子在古代政权里是尊称，“王者父天母地，为天之子也”，泛指皇帝或国王。春秋战国时期还没有皇帝，周天子地位衰落，号令不了天下，所以这里的“天子”一般认为是指国家的君主。

君主拥有最高权力，掌握国家和一方百姓的命运，所以孔子把对君主的劝诫放在五孝之首。“一个君主，如果以仁爱之心孝敬自己的父母，那么他的德行将会影响天下百姓，使百姓都能效法他尽孝，这就是天子的孝道呀。”《尚书·甫刑》说：‘天子有爱敬父母的善德，天下万民都人仰赖他。’”

第二，诸侯之孝。

孔子说：“身为诸侯，如果位居万民之上而不傲慢骄横，即使身居高位也不会有跌落的危险；如果你节俭谨慎、量入而出、遵循法度，财富再充足也不会流失。身居高位而不会跌落，所以能长久地保持尊贵的地位；财富充裕而不挥霍，所以能长久地保持富有。诸侯能够守住尊贵的地位和财富，才能保全社稷，使自己的人民和睦相处。这就是诸侯的孝道。《诗经》说：‘要小心谨慎，就像站在深渊旁，又像踩在薄冰之上。’”

孔子指出了诸侯容易犯的两种错误：一种是恃宠而骄。得到君主的宠幸就自以为自己天下第一，报喜不报忧，欺上瞒下，结果一旦事发，就会遭到君主的猜疑，引起民众的不满，面临从高位跌落的危险。另一种是挥霍无度。地位高了，手里有了可以支配财富的权力，自己的腰包也鼓了，这时候往往忍不住要挥霍。古代诗人就怒斥过诸侯们的奢侈生活，"朱门酒肉臭，路有冻死骨"。民脂民膏被白白浪费，国库自然空虚，敌人就会乘虚而入。

由此可见，诸侯的孝道归根到底，就是上保社稷，下和人民。做不到这些，位再高，钱再多，终会一朝倾覆。所以，想想身临深渊时的恐惧，想想足履薄冰时的胆怯，诸侯任何时候都要戒骄戒躁，为国家和人民尽忠尽孝。

第三，卿大夫之孝。

卿大夫是西周、春秋时国王及诸侯所分封的臣属，职位次于诸侯，故排其后。

西周时期分封制的等级秩序是：天子——诸侯——卿大夫——士。周朝礼法规定卿大夫要服从君命，担任重要官职，辅助国君统治，并对国君有纳贡、服役的义务。但在其"家"内，为一"家"之主，世代掌握所属都邑的军政大权。

孔子对卿大夫之孝的要求是：不符合先王礼法规定的服饰，坚决不穿；不符合先王礼法规定的言论，不能去说；不是先王制定的道德准则，一定不做。口中没有不合乎礼法之言，自身没有不合乎礼法的行为，纵使言语传遍天下，也不会口中有失，即使行为天下皆知，也不会有怨恨厌恶。在服饰、言语、行为这三方面都能遵从先王的礼法准则，就能守住祭祀先祖的宗庙。

孔子在谈话中引用了《诗经·大雅·烝民》的诗句。这首诗是周宣王的大臣尹吉甫写给另一位大臣仲山甫的。这两个人都很有才能，曾经辅佐周宣王，立下汗马功劳。仲山甫这个人敢于直言，有时会反对宣王的决策，让宣王很不高兴。但宣王还比较理智，仍重用仲山甫，经常赋予他重要的使命。一次，仲山甫奉命去山东执行任务，临行前，尹吉甫送给他一首诗，其中的四句是："既明且哲，以保其身，夙夜匪懈，以事一人。"意思是"要明白自己的位置，早晚勤勉不懈，专心侍奉天子。"

这其中，既有对仲山甫的赞美，也有对他的告诫。

孔子把西周的尹吉甫、仲山甫当成卿大夫的典范，让身居高位的人效仿。

第四，士人之孝。

中国古代士人阶层有一个耐人寻味的文化传统，它以"视死若轻"为骨，以"遗生行义"为魂，可以为社会理想或所谓的"大义"慷慨赴死。

在孔子之前的时代，"士"是最低一级的贵族阶层，最初是指卿大夫的家臣。他们有的以俸禄为生，有的靠田产为生。春秋末年以后，"士"逐渐成为统治阶级中知识分子的统称。这些人不再出卖劳动力，而是靠贡献知识和智慧为生。战国时的"士"，有著书立说的学士，有为知己者死的勇士，有懂阴阳历算的方士，有为人出谋划策的谋士等。因为"士"这个群体比较大，知书达理，能直接影响带动民众，所以孔子把士的孝道列在第四重要的位置。

在古代，父亲是负责养家糊口的人，母亲是负责照顾家庭的人，人们从父亲那里感受到威严，从母亲那里感受到慈爱。人们往往会顺从父亲，却不自觉地忽略母亲。所以，孔子要求"士"把爱敬父亲的心同样用来爱敬母亲，虽然方式不尽相同，但那份深情是没有区别的；在爱父母的同时，要把对父亲的那种爱用在忠于君主上。如此这般，母亲得到了你的关爱，君主得到了你的恭敬。像孝敬父母那样对待君主，就是忠诚；像孝敬父母那样对待上级，就会顺利；用忠顺的态度为人处世，就会成功。三条都做到了，你就能保住自己的俸禄和职位，继续拥有祭祀祖先的资格。这就是“士”之孝。

大约在商周时代，人们开始为已故祖先建立灵魂依归之所，并按照等级次序建立祭祀制度。古代庙制规定，天子立七庙，诸侯立五庙，大夫立三庙，士立一庙，庶人无庙，以此区分等级尊卑。普通民众是没有资格设庙祭祀自己祖先的。

士人处在贵族的最低一级，所以必须勤勉努力，才能保住自己的职位和地位。《诗经·小宛》的作者就是这样一位操劳奔波，力图维系家门传统的士人。他是西周一个下级官吏的后代，他生逢乱世，父母去世后，几个兄弟自暴自弃，嗜酒如命，甚至连自己的儿子都养活不了，他作为哥哥不仅要代兄弟抚养下一代，还要努力维护家族的声誉。他劝诫不争气的兄弟：“你看那水边小小鹡鸰鸟，还知道不停地上下翻飞寻找食物，你们却连这些都做不到。我每天都在外奔波，每个月都去服役，起早贪黑，为的是让父母的牌位依然摆在家庙中供奉，让他们的灵魂安息呀。”

第五，庶民之孝。

人民是国家的根本，但也是一个容易被忽略的群体，封建统治者因为利令智昏，往往不顾民意而一意孤行，导致动乱而亡国。孔子说：“顺应自然规律，行为谨慎，节约俭省，以此供养父母，这就是老百姓应尽的孝道。因此，无论是天子还是百姓，行孝都是没有止境的。如果有人担心自己无法尽孝，那是不可能的。”

大禹的孙子、夏朝的第三位君王太康就是一个无视天道，不奉行孝道的人，他沉湎于声色犬马，带着家眷外出狩猎，三个多月不归。结果被后羿乘城内守备空虚，夺取了都城斟鄩（今河南洛阳偃师二里头遗址）。太康的五个弟弟和母亲被赶到洛河边，惶惶不可终日，他们追述大禹的告诫而作《五子之歌》，表达悔意。其中第一首唱道：祖先大禹曾反复告诫，人民可以亲近却不可看轻；人民是国家的根本，根本牢固，国家就安宁。而今天，我们民心尽失，愚夫愚妇都能将我们击败。太康你一而再再而三地判断失误，民怨鼎沸却毫不知晓，也没有看到你的应对之策。我面对封地的民众时，恐惧像用腐朽的绳索驾驭六匹快马，你做君主的人却怎么不懂敬畏，怎么能不亡国？”

孔子的“五孝”理论，对社会如何安定，国家如何发展，做了深入的思考。

首先，他特别强调了各阶层各守分，各司其职，无相僭越，从君主到平民都要遵守孝道。如果每个人都能克制自己的欲望，把自己分内的事做好，天下就会出现国泰民安的繁荣景象。

其次，孔子把“孝道”的内涵扩大到了治国理政上。所谓的天子之孝，既包含对自己父母的孝顺，也包含对国家和百姓的忠诚，以孝为本，教化百姓，“刑于四海”，从而制定并形成“华夏文化”。天子之下，诸侯、卿大夫、士和百姓的孝，也都有忠君的要求。中国人“孝”的理念，并不局限在家庭之中。不过随着时代的变迁，这种“忠孝”文化已经大大弱化了。

孔子的“五孝”还有立身扬名、不辱祖先的要求。他多次提到社稷、宗庙、祭祀的概念，告诫人们，如果当下不努力，祖先就会变成一堆荒丘，传统就会因此中断。《红楼梦》里说，“古今将相在何方？荒冢一堆草没了。”孟子说，“君子之泽，五世而斩。”祖先积累的财富、留给后代的恩泽，过不了五代就会被耗尽。蜗牛因为有坚固的外壳保护，退化成了行动缓慢的软体动物，离开外壳，必死无疑。人类的个体也有类似的性质，那些无原则溺爱孩子的家庭特别容易出败家子和啃老族，一旦可依靠的那棵大树倒了，他们也就丧失了独立生存的能力。看看眼下被娇生惯养的一代，“五世而斩”的警告言犹在耳。

五

孔子的一番话，引起曾参的连连惊叹。

他说：“哎呀，孝道真是太伟大了，太精深了！”

听到曾参的赞美，孔子谈兴大发，在《孝经》接下来的几章里，讲述了孝道的本源，孝道理论的形成、发展、意义与作用，从天、地、人的关系论述了孝道。古人认为，天、地、人是构成生命现象与意义的基本要素。

孔子在《三才章》说：“孝道，如同太阳每天升起落下一样自然永恒，如同大地万物生长一样历久常新，是人最根本的德行。所以，孝道是天地间永恒不变的真理，百姓必须把它当作自身的行为规范。如果我们像上天普照大地，依凭大地的滋养那样，用孝道治理天下，那么，教化不用那样严正就能收到效果，政令不用靠严厉的手段推行就能见到成效。古代圣贤看到通过教育就能感化人民，所以率先实行孝道，博爱大众，使人民不会遗弃双亲；耐心地告诉黎民百姓道德仁义的要求，他们就会讲道德、行义举；先行礼敬谦让，做出表率，百姓就不会争斗；再以礼乐来引导，百姓就会和睦相处；让百姓知道什么是对的，什么是不对的，哪些事不能做。《诗经·小雅·节南山》说：‘威武显赫的尹太师[1]啊，百姓都仰望你啊！’”

孔子认为，孝道的存在天经地义，是人与生俱来的善，所以只要统治者明白这一点，通过引导和教化，就能让百姓心中的善变为国家长治久安的基石，使社会和谐有序。

孔子在《孝治章》里，提出了孝道要讲究人格平等。天下人无论尊卑，都要一视同仁，都需要慈与爱。

孔子说：“从前圣明的君王以孝治天下，对于外国派来的使臣，都不敢失礼轻视，何况对自己分封的诸侯呢？所以能得到诸侯的欢心，使他们纷纷来祭祀君主的祖先。治理封地的诸侯，连卑微的鳏夫寡妇也不敢欺侮，何况是知礼仪的百姓呢？因此能得到百姓的欢心。治理家族的卿大夫，对臣仆婢妾都不敢失礼，更何况对妻子儿女呢？如果大家都这么做了，父母双亲活着时能平安宁静地生活，死后也能安享子孙的祭祀。因此天下太平，灾害和祸乱都不会发生。所以圣明的君主以孝治天下，就会有这样的效果。”

如果说《孝治章》极言孝道的德行之大，那么，《圣治章》则是极言孝道的圣德之广。孝治为大、为恩，圣治为广、为威，恩威并重，方可称为圣治。

孔子思想的根基就是人性本善。如仁、礼、修己、中庸等，都是从人性本善出发的。因此，他推论出孝道来自人的天性，是天生之善，但这种善在开始的时候还是萌芽状态，是朦胧的，必须加以引导，才能成为人们的自觉行动。而这种引导主要依靠位高权重的君主和知书达理的君子，民众总是会效仿君主和圣贤的言行。

曾子以前知道孝道重要，但是没有想到孔子会把孝道的地位提高到与天地同在的程度，感觉比较震撼。他斗胆提了一个问题：“圣人的德行，

① 师尹，指周太师尹氏。太师是周三公（太师、太傅、太保）中地位最高者。

没有比孝道更大的了吗？”曾子认为，孝道的确重要，但主要是体现在家族成员之间，而圣人的作用在沟通鬼神、建立秩序、治理天下、开启民智，难道孝道比这些还重要吗？

孔子给了曾子一个肯定的回答。

孔子认为，人类的善行，开始于孝。孝道是一切善的源头，有了源头活水，浩荡江海才能生生不息。

孔子说：“天地万物，人最为尊贵。人类的行为，没有什么比孝道更重要的了。在孝道之中，没有什么比尊敬父亲更重要的了。尊敬父亲，没有比在祭天的时候，将祖先与天帝一起祭祀更重要了，而周公正是这么做的。当初，周公在郊外祭天的时候，将其始祖后稷与天帝一起祭祀，在明堂祭祀时，又把自己的父亲周文王与天帝一起祭祀。他的做法受到大家的尊敬，各地诸侯能够怀敬畏之心，恪尽职守祭祀先王。可见圣人的德行，又有什么能超出孝道呢？”

为了把祖先与天帝一起祭祀，古代帝王修建了明堂，那是一种很隆重的建筑物，北京天坛祈年殿就是明堂建筑的范例。明堂一般设在国都的南边，因为南面属阳，所以叫明堂。古人认为，明堂上通天象，下统万物，天子在此既可听察天下，又可宣明政教，是体现天人合一的神圣之地。

孔子说：“子女从小依偎在父母膝下，天生就会爱敬父母。年纪渐长，洞明世事，更加深了对父母的尊敬。圣人就是依据人们对父母的爱恋，告诉他们孝敬的道理；依据人们对父母的亲情，告诉他们仁爱的意义。圣人的教化，因为顺应了民心，所以不必实施严刑峻法就可以成功，其政令也不必用严厉的手段推行。这是因为他们抓住了孝道治国管理的根本纲领。父慈子孝，是人的本性使然，这种关系与君主和臣子的关系很相似。父母生育后代，没有比生命传承更大的事儿了。那种不爱自己的父母却爱别人的人，是违背了道德；不敬自己的父母而敬别人的人，是违背了礼仪。如果违逆天性，不孝父母，老百姓就无法仿效了。

“君子的做法，与那些违背道德的人正相反，他的言谈会让人们乐于奉行；他的行为利于大众；他的德行能使百姓尊敬；他的处事之道可使百姓效法；他的容貌让人赏心悦目；他的一举一动合乎法度，从而成为民众效法的楷模。君子这样来治理国家，民众就会敬畏他，爱戴他，学习他，仿效他。这样，君子能够成就道德教化，使其政令通达天下。”

接下来，孔子在《纪孝行章》里讲了孝子的五条标准：居则致其敬，养则致其乐，病则致其忧，丧则致其哀，祭则致其严。

孔子说：“孝子对父母的侍奉，在日常生活中，要恭敬孝顺；饮食供养时，不仅要饭菜可口，还要让父母感到愉悦与快乐；父母病了，要为父母的病情而忧虑；父母辞世，要满怀悲哀之情；对先人的祭祀，要感激他们在天之灵的护佑。这五方面都做到了，方可称之为孝子。”

孔子还提出了孝子的“三戒”：“侍奉双亲，身居高位者要力戒骄横，为人臣下者不可犯上作乱；与大众相处，则不与人争斗。身居高位傲慢待人，必有灭顶之灾；身为人臣犯上作乱，免不了受到惩罚；与大众相处如果争斗，就会互相杀害。这三种恶习不除，就是不孝之人。”

年轻的顺治皇帝读这一节时，感悟到：三种不孝都是危及自身，招致灾祸，给亲人带来痛苦的行为。如果不能去除，即使天天让父母吃鸡鸭鱼肉，还是不孝。可见孝并不仅是口腹之养，而贵在保持自身的节操。

孝子之孝，身体的三种语言最能透露真假：一是眼神语言，二是表情语言，三是身体语言。眼睛是心灵之窗，表情是内心的晴雨表，肢体的下意识动作会透露真实信息。真孝还是假爱，这三种身体语言比你嘴里的话更真实。顺治皇帝在注疏中说：“所谓有深爱者，必有和气婉容是也。”“尽其爱敬之心，然后为能尽事亲之道也。”

孔子表面谈的是孝敬，实际讲的是政治，讲的是如何为人处事，如何对待事业与工作。家庭是个小社会，父母兄妹、亲戚朋友朝夕相处，诸事繁多，利益相关，如果哪个人摆不正自己的位置，自私自利，矛盾就会发生。

家里有了矛盾，一般都是把话摊开了说，让人知道自己哪儿惹了别人，并设法解决。对于有心人来说，家庭的这种磨合就是最好的处世教育，有了孝子的“五要”和“三戒”，什么话不当说，什么事不当做，你都会了然于胸，待到日后进入社会，就会成熟一些。如果你在家一味骄横，顶撞长辈，甚至还动手，弄得大家都惹不起你，你进入社会后，很有可能是个失败者，至少在刚入职场的头三年会撞得头破血流。

这《五刑章》里，孔子主要告诫人们，如果违反了孝子的“三戒”，身居高位而骄横傲慢，身居下位而图谋不轨，身处众人之中嗜好与人争斗，就是犯罪，要受到惩罚。正所谓：“天作孽，犹可违；自作孽，不可活。”

孔子说：“五刑所属的犯罪条例有三千之多，但最重的罪就是不孝，没有比不孝的罪过更大的了。用武力要挟君主的人，是目中无视君主；诽谤圣人的人，是眼中没有法纪；不恭敬父母的人，是无视双亲的存在。这三种人是天下大乱的根源呀。”

用刑法来惩治不孝之人，就是强调法制精神，使人民崇尚道德，遵守规矩，不再出现不孝之子，从而达到社会安定的效果。古人将孝道视为天理人伦，认为“民生于三”，分别是“君”“亲”“师”。“君”指君主，“亲”指父母，“师”指老师。顺治皇帝御注说，以上三条，不管违反哪一条，都要治罪，但不孝之罪与要挟君主和不尊圣人相比，是最重之罪。“孝足以治，不孝足以乱。孝之所关（关系）诚（确实）重矣哉！”

六

孔子知道，对不孝之人动用刑法，毕竟是不得已而为之的事情。传播孝道最好的办法是教化民众，寓教于乐。在《孝经》开明宗义第一章里，孔子向曾参提问："先王有至德要道，以顺天下，民用和睦，上下无怨。汝知之乎？"从《孝经》的第十二章《广要道章》开始，孔子重点阐述了至德的"要道"。

《礼记·大学》说："身修而后家齐，家齐而后国治，国治而后天下平。"治国之道，首先要教化民众修身；修身之道，首推孝道。雍正皇帝认为，孔子在《孝经》第一章里没有详尽阐述"至德"的"要道"，所以在这一章里详细说明。而"要道"放在"至德"之前，意思是要先进行教化，而后才能让道德彰显。"道"与"德"是相辅相成，互为先后的。"广"是推广的意思，目的在于让统治者知道推广孝道的效果。

孔子说："教化民众互相亲近友爱，没有比倡导孝道更好的办法。教化民众礼貌恭顺，没有比敬爱兄长更好的办法。移风易俗，没有比用音乐教化更好的办法。要使国家安定、民众拥戴，没有依礼教行事更好的办法。所谓的礼，也就是敬爱而已。所以尊敬他人的父亲，他的儿子就会喜悦；尊敬他人的兄长，他的弟弟就会愉快；尊敬他人的君主，他的臣子就会高兴。敬爱一个人，却能使千万人高兴喜悦。所尊敬的对象虽然只是少数，为之喜悦的人却有千千万万，这就是我所讲的'要道'。"

孔子强调了孝道的核心就是一个"敬"字。对父母、对兄弟、对上级、对下属都一视同仁地敬爱，你收到的回报是更多的尊敬与赞美。

孔子在这一章还强调了音乐教育的作用。《诗序》说："欣欣向荣的盛世，音乐祥和动人，使社会和谐；战乱动荡之世，音乐会充满怨恨和愤怒；而国家败亡时的音乐悲伤，表达了人们的苦闷与艰难。"孔子在《孝经》的许多章节都引用《诗经》抒发情怀，强化自己的观点。

多年之后，孔子通过艺术移风易俗、提升民族素质的愿望得以实现。自《诗经》、《离骚》、汉赋、唐诗、宋词开始的中国诗歌音乐传统，歌颂真善美，鞭挞假丑恶，使中华文明始终保持着很高的审美品位。其中，歌颂孝道的诗歌也成为一道独特的文化风景。比如，孟郊的《游子吟》就成为流传千载的不朽之作。

慈母手中线，游子身上衣。
临行密密缝，意恐迟迟归。
谁言寸草心，报得三春晖。

《广至德章》谈到“至德”。所谓“至德”，是指最高的道德，至高无上的品德。在这一章，孔子提倡人们修炼高尚的品德。

孔子说：“君子如果想教导人们行孝道，首先自己要有好的品德，而不是天天对着别人喋喋不休。君子教人行孝道，是为了尊敬天下所有做父亲的人。君子教人为弟之道，是为了尊敬天下所有当兄长的人。君子教人为臣之道，是为了尊敬天下所有当君主的人。《诗经·大雅·泂酌[①]》篇里说：‘平和温润的君子，如同民众的父母。’如果没有至高无上的德行，怎么能使民众顺从呢！”

孔子认为，君子如果想让天下百姓像尊敬父母一样爱戴自己，必须达到十个方面的要求：一是尊敬、侍奉父母。这是立身行事的基本准则，必须做到；二是敬老尊贤；三是造福天下。追求高尚的事业，不能汲汲于名利；四是有度量。力戒自命不凡，喜怒不形于色；五是为官清廉，

① 泂（jiǒng），通“迥”，意为“远”，泂酌（从远处酌取）。《泂酌》说的是人民和谐的问题，以水之多来形容酒多，用水之清来形容酒清，人们在宴会上快乐地大碗喝酒，然后用水来洗涤各种杯盘碗筷，而这一切，都要感谢高尚敦厚的君子。

生活俭朴；六是知错必改；七是近忠良远小人，反对没有节制的祭祀，警惕阿谀之徒；八是与人为善，不轻易褒贬他人；九是仗义疏财，重人轻物；十是知恩必报，有福同享，有难同当。

这些道德观念，今天依然适用。

《广扬名章》。扬名于后世，是每个有抱负的人都渴望实现的目标。中国自古以来，讲究立德、立功、立言“三不朽”。

《左传·襄公二十四年》说：“太上有立德，其次有立功，其次有立言，虽久不废，此之谓不朽。”古人认为生而为人，来到世上走了一遭，应该给后人留下点什么。孔子就是这么想的。他在《论语》中说：“君子疾没世而名不称焉。”害怕人没了，名也没了，一切烟消云散，好像什么也没有发生过一样。所以，他教导有抱负的人朝“三不朽”的方向努力。

孔子的第 31 世孙、唐代的经学家孔颖达在《春秋左传正义》中分别解读了德、功、言三者：“立德，谓创制垂法，博施济众”；“立功，谓拯厄除难，功济于时”；“立言，谓言得其要，理足可传”。“立德”指树立高尚的道德；“立功”指建立功绩；“立言”指的是著书立说，传于后世。

那么，追求“三不朽”的第一步从何处开始？孔子认为应该从每个家庭内部开始。孔子说：“君子对父母尽孝，就能把对父母的孝移作对国君的忠；君子对兄长恭敬，就能把恭敬之心移作对前辈或上司的服从；在家里能处理好家务，就能把治家的道理运用于治理国家。所以说，能够在家里尽孝悌之道的人，其名声就会传扬于后世。”

孔子说的“行成于内”，还有更进一步的深意，他除了要求君子在家中恪守孝道，还要求在他们在立德、立功、立言的过程中，始终对自己高标准、严要求。

七

《孝经》的十五至十八章，讲的是孝道的实际应用。

比如，要不要批评父母长者的错误，当君主的执政方针出现失误时要不要当面指出，修身养性、谨言慎行、祭祀祖先会产生什么效果，什么是为臣之道，如何面对父母离世等。

《谏诤章》讲的是如何给父母提意见，帮助他们改过。

曾子对孔子说：“老师您关于慈爱、恭敬、保护父母安康、弘扬孝道的教诲，我已经领教了。我想斗胆再问一句，做儿子的无条件地听从父亲的命令，可以称为孝子吗？”孔子一听，有点生气，心想你曾参是个聪明人，应该懂得举一反三，之前你父亲用棍子打你的事，我已经批评过你了，可你现在怎么还会提出这么糊涂的问题呢？

孔子教训他说：“你这是什么话呀？从前，天子身边有七个敢于当面批评的诤臣，即使天子是个平庸之君，只要没有糊涂到听到批评就把人拉出去砍头，他就不会失去天下；诸侯身边有五个直言劝谏的诤臣，即便他五次三番地犯错误，也不会失去他那个诸侯国的地盘；卿大夫身边有三位敢说真话的诤臣，即使他不思进取，管理混乱，也不会失去自己的家园。读书人容易自视甚高，盲目骄傲，如果有一位头脑清醒、有自知之明的朋友，美好名声就会如影相随。父亲如果有敢于劝谏的儿女，就不会做出不道义的行为。一个家庭中，当遇到不合道义的事情时，做儿女的不可以不劝谏父亲；在一个国度里，做臣属的不可以明哲保身，阿谀奉迎。不论是在家还是在国，只要遇到了不义之事，一定要当那个敢于直言的人。如果对父亲的命令，不论对错一味地服从，又怎么称得上是孝子呢？”

孔子把接受批评的重要性提高到了前所未有的高度。他认为，一个人地位越高，管辖的范围越大，需要的敢于批评的人越多。身为天子必须有诤臣七人，才能“不失其天下”；身为诸侯必须有诤臣五人，才能“不失其国”；身为大夫必须有诤臣三人，才能“不失其家”。君子必须有诤友，才能保持良好的声誉；父亲有诤子，才能避免陷入不义。

遗憾的是，人性的弱点决定了人们不喜欢听到批评。恭维的话即使知道是假的，听到也会很开心；批评的意见即使知道是真的，听到也会不舒服。

历史上，许多帝王在执政初期尚能听取不同意见，重用诤臣，可是一旦有了政绩，或是执政多年，就开始骄傲、昏庸起来，偶尔听到诤臣的声音，也恨不得立马拉下去砍头。

明朝的海瑞就是一个例子。嘉靖皇帝朱厚熜即位之初，革除先朝蠹政，朝政为之一新。但后来，他不再过问朝政，重用奸臣，吏治败坏，纲纪废弛。海瑞当时虽然只是一个六品小官，却为了国家长治久安，写了一篇《治安疏》。他说，在您的治下，公开讨论对错、进献良言、防止邪恶的做法，很久没有听到了，您喜欢的都是献媚的人。人们背后议论是非，表面上顺从陛下，却把真心藏起来，为陛下歌功颂德，难道这不是欺君之罪吗？我听天下人都说：“嘉靖者，言家家皆净而无财用也”。嘉靖皇帝看后气得哆嗦，把海瑞下了大牢，准备处死。但思忖再三，觉得海瑞没有私心，列举的问题确实存在，是个刚正的忠臣，还说，“这个人可与比干相比，但朕不是商纣王”。因此直至驾崩也没有处死海瑞。

君臣与父子，相互之间都是休戚相关的。既是利益共同体，也是文化共同体，一损俱损、一荣俱荣，所以身为天子或父亲，一定要明白脸面没有正确的意见重要；作为儿子或臣属，一定要知道国家和家庭的利益也是自己的利益，对于错误一定要据理力争。当然，据理力争也要讲究方法。《礼记》说，父母有过，儿女要细声和悦，柔声以谏。如果父母不听劝，儿女也不能放弃劝说，而要等他们高兴时，再次劝说。如果三谏而不听，则号泣大哭而随之。君主或父母心胸狭窄，一听批评就不高兴，甚至处罚敢说真话者，臣属或子女只能另想办法劝诫了。

《感应章》。在这一章，孔子告诫高高在上的君主们，从孝敬父母做起，就能明白天地之间万事万物循环往复、生生不息的道理。《易·说卦》云：“乾为天，为父。坤为地，为母。天道运行阳刚雄劲，地道运行阴柔包容。”天与地，一阳一阴，天地万物皆由此而生，人本身也是天地阴阳的产物。正可谓“道生一，一生二，二生三，三生万物”，孝悌之道，无所不通。贤明的君主从善如流，不耻下问，必能修身慎行，得到祖先和神灵的护佑。

古人认为，太阳将一年分为春夏秋冬四时，四时各有属性：春为木，夏为火，秋为金，冬为水，土被放在夏秋之交，居中央。金木水火土五行与四时的运转配合，决定了万物的生长规律和人们的生产活动时间，各种政令必须顺应太阳、四时、月、神、五行等各种力量运行的趋势。孔子认为，不违反天时地利，才能与天地感应相通。如果时机不对，断一树，杀一兽，都可以认为是不孝，因为这可能导致燃料和食物的不足。

孔子说：“昔日，贤明的君主孝敬父亲，所以他们能够明白上天庇护万物的道理；孝顺母亲，所以能够知晓大地孕育万物的道理；宗族之中讲究长幼秩序，各守本分，上下各阶层自然会被感化。天子虽然尊贵，也有他必须尊敬的人，这就是他的父亲；也有先于他降临人世的人，这就是他的兄长。到宗庙里祭祀祖先，表示不会忘记亲人；修身养性，谨言慎行，唯恐因自己的过失而使先人蒙羞，毁坏祖宗基业。到宗庙祭祀致敬神灵，神灵就会享受供物，感受到你的诚意。对父母兄长的孝与敬达到了极致，就可以通达于神明，光照天下，福泽四海。《诗经·大雅·文王有声》说：‘从西到东，从南到北，没有人不悦服。’”

顺治皇帝读到这一章，感慨道：“虽然天子的至尊地位是独一无二的，但是必有尊于天子者，那就是父亲，但是必有先于天子降生的人，那就是兄长。还有伯伯叔叔生下的兄长，都是我祖先的后代，我必以爱敬之心，以礼相待。”

《事君章》。孔子在这一章里专门讲有理想、有才华的人如何为国尽忠。孔子说：“君子侍奉君主，上朝进见的时候，要思考如何尽忠为国效力；退朝居家的时候，要想着如何补救君主的过失。君有美德，则顺从行事，君有过失，要匡正制止，这样君臣关系才能够亲密无间。《诗经·小雅·隰[①]桑》篇说：‘心中对你深沉的敬爱，为什么总也不说出来，因为把真诚的爱永藏心中，才不会有忘记的那一天。’”

宋代的范仲淹在千古名篇《岳阳楼记》里形容志士仁人说：“不以物喜，不以己悲；居庙堂之高则忧其民；处江湖之远则忧其君。是进亦忧，退亦忧。然则何时而乐耶？其必曰‘先天下之忧而忧，后天下之乐而乐’乎。”君子身在朝廷做官担忧百姓，处在僻远的江湖则为君主担忧，无论在不在朝廷做官都担忧。那什么时候才会感到快乐呢？“在天下人忧之前先忧，在天下人乐之后再乐。”当天下人都快乐的时候，我才会快乐。

范仲淹的话是对孔子学说的一种诠释和升华。这就是所谓的家国情怀。

成龙唱过一首名叫《国家》的流行歌曲：

---

① 隰（xí），低洼潮湿的地方。

一玉口中国，一瓦顶成家。
都说国很大，其实一个家。
一心装满国，一手撑起家。
家是最小国，国是千万家。

在中国传统士大夫的心目中，国与家是密不可分的利益共同体。“人生于天地之间，各有责任。知责任者，大丈夫之始也；行责任者，大丈夫之终也。”责任和担当，乃是家国情怀的精髓所在。家国情怀虽然是封建时代的思想产物，却被公认为积极、正面的文化传统。每一个仁人志士无论是居庙堂之高，还是处江湖之远，都要“进思尽忠，退思补过，将顺其美，匡救其德”，以天下为己任，为国家与民族的复兴竭尽心力。

《丧亲章》。中国有句老话叫“养老送终”，另一句老话叫“事死如事生”。《荀子・礼论》说：“丧礼者，以生者饰死者也，大象其生，以送其死，事死如生，事亡如存。”这说明，送父母最后一程的丧事非常重要，必须办好。孔子生活的时代，皇室和贵族的丧礼非常烦琐复杂，讲究颇多，一般的百姓没有资格和财力举办这种等级分明、奢华铺张的丧礼。正是考虑到这一点，孔子删繁就简，把一般丧礼的程序和对孝子的要求提炼出来，写入《孝经》，传授曾子，教化世人。

孔子说：“父母亡故了，哀痛而哭，这种哭是一种真正的悲痛，哭声不要拖腔拖调，让人感觉怪异；下跪磕头，不穿华美的衣服；言谈不再考虑条理文采；穿华美的衣裳会心中难安，要穿粗麻布制作的丧服；因为悲哀在心，听到音乐不会感到愉悦；美味的食物，也不会感到可口；这些都是悲痛哀伤的真情流露。父母死后三天，孝子开始进食，这是教导人们不要因为哀思死者而有伤自己的生命。这就是圣人的规定。为父母服丧，不超过三年，这是告诉大家丧事有终结的日期。父母去世之后，准备好棺、椁、衣裳、被褥，将遗体装殓好；陈设好簠、簋等器具，里面放黍、稷、稻、粱等食物，以示哀思；亲人出殡时要捶胸顿足，号啕大哭送行；通过占卜选择墓地以安葬；设立宗庙，供奉食物，让父母在阴间仍然过着类似阳间的生活；在春秋两季举行祭祀，追念先祖和父母。父母活着的时候，以爱敬之心奉养父母；父母去世之后，以哀痛之情料理后事。能够做到这些，民众就算尽到了孝道，完成了父母生前与死后应尽的义务。孝子侍奉父母，到这里就算是结束了。”

附：

唐玄宗《孝经·序》

朕闻上古其风朴略，虽因心之孝已萌，而资敬之礼犹简，及乎仁义既有，亲誉益着。圣人知孝之可以教人也，故因严以教敬，因亲以教爱。于是以顺移忠之道昭矣，立身扬名之义彰矣。子曰：“吾志在《春秋》，行在《孝经》。”是知孝者，德之本欤?

《经》曰：“昔者明王之以孝理天下也，不敢遗小国之臣，而况于公、侯、伯、子、男乎？”朕尝三复斯言，景行先哲，虽无德教加于百姓，庶几广爱刑于四海。嗟乎，夫子没而微言绝，异端起而大义乖。况泯绝于秦，得之者皆煨烬之末；滥觞于汉，传之者皆糟粕之余。故鲁史《春秋》，学开五传；《国风》《雅》《颂》，分为四诗。去圣逾远，源流益别。

近观《孝经》旧注，蜯驳尤甚。至于迹相祖述，殆且百家。业擅专门，犹将十室。希升堂者，必自开户牖。攀逸驾者，必骋殊轨辙。是以道隐小成，言隐浮伪。且传以通经为义，义以必当为主。至当归一，精义无二，安得不翦其繁芜，而撮其枢要也。

韦昭、王肃，先儒之领袖。虞翻、刘邵，抑又次焉。刘炫明安国之本，陆澄讥康成之注。在理或当，何必求人？今故特举六家之异同，会五经之旨趣；约文敷畅，义则昭然；分注错经，理亦条贯。写之琬琰，庶有补于将来。

且夫子谈经，志取垂训。虽五孝之用则别，而百行之源不殊。是以一章之中，凡有数句；一句之内，意有兼明；具载则文繁，略之又义阙。今存于疏，用广发挥。

清顺治《御注孝经·序》

朕惟孝者，首百行而为五伦之本，天地所以成化，圣人所以立教，通之乎万世而无斁，放之于四海而皆准，至矣哉，诚无以加矣。

然其广大虽包乎无外，而其渊源实本于因心。遡厥初生，咸知孺慕，虽在龆蒙，即备天良。

故位无尊卑，人无贤愚，皆可以与知而与能。是知孝者，乃生人之庸德，无甚玄奇。抑固有之秉彝，非由外铄。诚贵乎笃行而非语言之间所得而尽也。

虽然降衷之理固根于凡民之心，而觉世之功必赖夫圣人之训。苟非著书立说，以迪天性自然之善，抒人子难已之情，使天下之人晓然于日用之恒行，即为大经大法之所存，而敦行不怠，以全其本始，夫亦孰由知孝之要，尽孝之详，以无忝所生也哉！此孔子孝经之书所由作也。

朕万几之暇，时加三复，自开宗明义迄于终篇，见其言近而指远，理约而该博，本之立身以行道，推之移风而易俗，爱敬所著，公卿士庶，皆得循分以承欢。感应所通东西南北，罔不渐被而思服，诚万世不刊之懿矩，百圣不易之格言，自天子以至于庶人不可一日阙者。

夫子所谓“吾志在《春秋》，行在《孝经》”，良有以也。自汉以来，去圣日远，诠释滋多，厥旨寖晦。孔安国尚古文，郑玄主今文，互有异同，各矜识解。魏晋而降，诸儒群兴，析疑阐奥，代不乏人。源流攸分，不无繁芜。迨及开元，更立注疏。亦既萃一代之菁英，垂表章于奕世矣。而详畧或殊，讵云至当？宋之邢昺，元之吴澄辈，标新领异，间有发挥，然揆之美善，或未尽焉。

至于明季，著述纷纭，或拾前贤之绪，余文其谫陋，或摘古人之纰缪，肆彼讥弹，不知天怀既薄，问学复疏，因心之理未明，空文之多奚补？其于作经之意，均未当耳。夫亲恩罔极，高厚难酬，德至圣人，犹虞未尽，同为人子，孰不佩至教而兴永锡之感乎？然则训诂未确，渐摩弗力，欲其相观而善，厥路无由。

朕为此虑，爰集古今之注，更互考订，其得中而窽綮者采辑之。其妄逞而臆说者，删除之。譬诸沙砾既披，美镠始出，稂莠尽剪，嘉禾乃登。

至若流览之余，时获一是，或足以补未发之蕴者，辄为增入，聊备参观。

总以孝之为道，甚大而平，故不必旁求隐怪，用益高深，夸示繁缛，徒滋复赘。惟以布帛菽粟之言，昭广大中正之理。虽未知于作者之旨，能尽脗合。可无枘凿与否。

然而前代诸儒之书，瑕瑜难掩，与夫近代群言之失，淆乱不稽者，于兹正之。庶几发蒙启锢，四方亿兆，咸知效法而允迪，共底于大顺之休焉。夫如是，将见至德要道，由此而广，和睦无怨由此而成矣！

顺治丙申（1656年）仲春望日序

清雍正《御纂孝经集注·序》

孝经者，圣人所以彰明彝训，觉悟生民。溯天地之性，则知人为万物之灵，叙家国之伦，则知孝为百行之始。人能孝于其亲，处称惇实之士，出成忠顺之臣。下以此为立身之要，上以此为立教之原。故谓之：至德要道。自昔圣帝哲王，宰世经物，未有不以孝治为先务者也。恭惟圣祖仁皇帝缵述、世祖章皇帝遗绪，诏命儒臣编辑《孝经衍义》一百卷，刊行海内，垂示永久，顾以篇帙繁多，虑读书者未能周徧，朕乃命专译经文，以便诵习。夫《孝经》一书，词简义畅，可不烦注解而自明。诚使内外臣庶，父以教其子，师以教其徒，口讽其文，心知其理，身践其事。为士大夫者，能资孝作忠，扬名显亲；为庶人者，能谨身节用，竭力致养。家庭务敦于本行，闾里胥向于淳风。如此则亲逊成化，和气熏蒸，跻比户可封之俗，是朕之所厚望也夫。

雍正五年十二月初三日

第七课

民间故事里的孝道

——寓言是最好的传播与劝诫

我是听着民间故事长大的。

我们村里好多男孩当年都记得，20 世纪 50 年代末，每到晚上喝汤的时候，一群孩子就端个粗瓷碗跑到我家来了，往床上一趴，烂被窝往身上一围，呼呼噜噜喝着汤，开始听我母亲讲故事。旧时登封人穷，晚上常喝玉米面和野菜一块儿煮的稀汤，我们那地方管这种汤叫“蜀黍糁”，也习惯称晚饭为“喝汤”。

越是苦日子，越容易让人产生幻想，而中国的民间故事特别具有奇幻的力量。故事里的鬼狐神怪、飞禽走兽都让我特别着迷，光怪陆离的想象淡化了现实中的乏味与苦难，也让我的头脑丰富起来。

母亲点的那盏火苗飘忽的油灯，伴随着故事情节起到不同的作用，有时是光明的象征，有时是惊悚的前兆。特别是有风穿过的时候，油灯忽明忽暗，甚至呼地一下就灭了，吓得我们赶紧用被子捂着头，嘴里啊啊叫着给自己壮胆，好像鬼怪真的会站到人的面前。

母亲讲多数是惩恶扬善的故事，是一种艺术化的历史。传说中的主人公，很多是历史名人或是戏剧中的人物，但故事情节又与真实的历史不太一样，主人公大多数都有超人的力量和神奇的命运转折。比如说大禹是黑熊变的，他治水时一斧头能把一座大山劈成两半；夸父追日，一口气能喝掉一条大河里的水，但最后还是渴死了；孙悟空七十二变天下无敌，但变成一座小庙时猴尾巴露出了破绽……

在母亲讲的故事里，让人印象最为深刻的是讲述孝道的民间故事，这些故事借助动物和神话，让孩子们知道为什么必须孝敬父母。

乌鸦反哺的传说

记得上小学的时候，一天放学，我看见地上有一只没长毛的小鸟扑棱着翅膀在挣扎，估计是从树上掉下来的。我抓起小鸟，双手捧着回去告诉母亲，我要把这只小鸟养大。没想到母亲上来就是一巴掌，说掏鸟窝坏良心。我不服，说是从地上捡的。母亲说，地上捡的也不能要，因为小鸟也有妈，让我放回去。

我把小鸟放到树上，母亲给我讲了乌鸦反哺的故事。

母亲说，很早以前，村里有一个孩子从小娇生惯养，不敬爹娘。他的家境不好，却嚷嚷着要吃鱼吃肉，没有鱼肉就摔盆摔碗，指天骂地。爹娘管不了，只能暗自落泪。眼看这个孩子可能成为一个败家子，爹娘急得向孩子的舅舅求助。

舅舅是个羊倌。他说："孩子不吃苦不受累，怎么会知道生活的艰难？你们把他放在我这里一段时间，我自有办法。"

第二天，孩子的爹娘对孩子说："你不是想吃肉吗？你舅家里有几十只羊，天天能吃上肉，你去他那儿住上一段吧。"

孩子一听，高高兴兴地跟着舅舅进山去了。

舅舅说："你想吃肉，我也想吃肉，我给你十只小羊，你把它们赶到山上吃草，等养大就可以吃肉了。"

孩子兴冲冲地接过羊鞭就上山了。太阳火辣，山道难行，孩子很快就累得气喘吁吁，脚上磨出了血泡。他瘫坐在山坡上问舅舅："这小羊要养多少天才能长大呀？"

舅舅说："肉好吃，羊难养，你要这么干两年才能把羊养大。"

孩子一听大惊失色，这苦日子怎么过得下去呢？

舅舅说："羊要两年才能长大，人要二十年才能成人。你放一天羊就受不了，你爹娘为了让你成人过了多少苦日子！"

孩子听了，似有所悟。

第二天，天气更热了，四周的热气像蒸笼一样让人喘不过气来。舅舅把外甥带到一棵大槐树下乘凉。愁眉苦脸又百无聊赖的孩子抬头一看，几只乌鸦在太阳下不停地飞来飞去，一会儿回窝，一会儿又飞走。

外甥问舅舅："天这么热，别的鸟都藏到树荫里了，这几只乌鸦忙什么呢？"

舅舅指指大树上的鸟窝说："鸟窝里有一只老得飞不动的乌鸦，正仰着头、张着嘴，等着它的儿女们喂食呢。乌鸦是传说中的'孝鸟'，它们小时候不会飞，看到母亲飞回来，就大张着嘴要吃的，母亲就把自己吃到肚子里的食物吐出来喂它们，然后自己肚子空空的再去找食，往往一天下来，小乌鸦吃饱了，母亲却饿着肚子。等到小乌鸦长大了，母亲却一天天老了，到老乌鸦飞不动的时候，小乌鸦就会飞回来喂它，这叫'乌鸦反哺'。"

孩子想起了自己的爹娘为养活自己吃苦受累的情景，顿时羞愧难言，原来自己还不如鸟兽懂得感恩报恩，真是枉为人子呀。

孩子赶回家，见了爹娘倒头就拜，痛哭流涕。从此变成了一个孝顺的儿子。

乌鸦反哺的故事在中国流传的时间非常久远，已知最早文字记载这一说法是在公元三世纪，距今大约一千八百多年。

西晋文学家成公绥[①]写过一首《乌赋》：

嗟斯乌之克孝兮，心识养而知慕。
同蓼莪之报德兮，怀凯风之至素。
雏既壮而能飞兮，乃衔食而反哺。

① 成公绥(231—273年)：西晋文学家，复姓成公，名绥，字子安，东郡白马(今河南滑县东)人。幼而聪敏，博涉经传，家贫岁饥，处之如常。所著诗、赋、杂笔十余卷，惜已散佚。明张溥辑有《成公子安集》。

意思是乌鸦这种鸟的慈孝太令人感动了，它从小到大牢记着父母的养育之恩，如同那种俗名抱娘蒿的草，知道感恩报德，如同温暖而湿润的南风，热切而贴心地拥抱父母。等到它翅膀强健能够飞得又高又远时，它就会叼着食物飞回来供养衰老的双亲。

同为西晋文学家的束皙[①]补作《诗经》亡佚的篇章，沿用了这一说法。束皙认为《诗经·小雅》有六篇“有其声而亡其辞”，意思是这几首民歌只有曲调而没有歌词，于是就补写了《南陔》《白华》等篇章。他在《南陔》中说：“嗷嗷林乌，受哺于子”。他以乌雏长成，衔食喂养其母，比喻报答亲恩。

与这两位文学家同一时代的士大夫李密[②]以笃孝而闻名，他恳求皇帝不要让他外出做官，好让他在家中专心伺候老祖母，写出了流传千古的《陈情表》。其中有“乌鸟私情，愿乞终养”二句：我怀着乌鸦反哺的私情，乞求能够准许我完成为祖母养老送终的心愿。

唐代大诗人白居易的《慈乌夜啼》称赞乌鸦之孝，也非常感人。

慈乌失其母，哑哑吐哀音。
昼夜不飞去，经年守故林。
夜夜夜半啼，闻者为沾襟。
声中如告诉，未尽反哺心。
百鸟岂无母，尔独哀怨深。

① 束皙（约 261—300 年）：字广微，阳平元城（今河北大名县）人。西晋文学家，官尚书郎。因《诗经·小雅》中笙诗六篇“有其声而亡其辞”，乃补作《南陔》《白华》等篇，称《补亡诗》。精通古文字，能识蝌蚪文，是《竹书纪年》的主要整理者之一。

② 李密（224—287 年）：犍为武阳（今四川彭山）人。幼年丧父，母何氏改嫁，由祖母抚养成人。后李密以对祖母孝敬甚笃而名扬于乡里。他博览五经，尤精《春秋左传》。蜀汉亡，晋武帝召他为太子洗马，李密以祖母年老多病、无人供养而力辞。代表作为《陈情表》。

应是母慈重，使尔悲不任。
昔有吴起者，母殁丧不临。
嗟哉斯徒辈，其心不如禽。
慈乌复慈乌，鸟中之曾参。

号称宋诗“开山祖师”的宋代诗人、散文家梅尧臣[①]在外做官，思念白发双亲，作《思归赋》：“嗷嗷晨乌，其子反哺。”表达了不能在身边孝敬双亲的遗憾。

苏东坡的弟弟、唐宋八大家之一的苏辙[②]诗曰：

得郡迎亲愿不违，书来无复寄当归。
马驰未觉西南远，乌哺何辞日夜飞。
湖水欲平官舍好，茶征初复讼讯稀。
平反闻道加餐饭，五裤应须换破衣。

明代文人范受益[③]在其戏文《寻亲记·完聚》写道：“空把柴门倚徧，黄昏数尽归鸦；敢因反哺不还家，游子未归膝下。”

《本草纲目》也记载了乌鸦“反哺”的习性。《本草纲目·禽部》载：

① 梅尧臣（1002—1060年）：宣州宣城（今安徽省宣城市宣州区）人。北宋著名现实主义诗人，一生郁郁不得志，后经欧阳修荐，为国子监直讲，累迁尚书都官员外郎，故称“梅直讲”、“梅都官”。1060年，梅尧臣在汴京染瘟疫去世，年59岁。参与编撰《新唐书》，并为《孙子兵法》作注。另有《宛陵先生集》及《毛诗小传》等。

② 苏辙（1039—1112年）：眉州眉山（今属四川眉州）人，北宋文学家、宰相，“唐宋八大家”之一。苏辙与父亲苏洵、兄长苏轼齐名，合称“三苏”。其学问深受其父兄影响，以散文著称，擅长政论和史论，苏轼称其散文“汪洋澹泊，有一唱三叹之声，而其秀杰之气终不可没”。著有《栾城集》等行于世。

③ 范受益：明代人，生卒年不详。吴县（今江苏苏州）人。有文名，尤工曲。作品有传奇《寻亲记》等，其中《茶坊》《饭店》为昆剧保留剧目。

“慈乌，此鸟初生，母哺六十日，长则反哺六十日。”

至此，乌鸦反哺之说似乎已成定论。然而，现代科学认为，乌鸦是否存在反哺行为，还有待进一步论证，特别是乌鸦的幼鸟成年后，体形与母亲差不多，所以一些体形相仿的乌鸦间的喂食行为会被认为是“衔食孝敬母亲”。

学者赵鲁在《中国科学报》撰文[①]说：“迄今为止，人们还没能发现自然界中哪种动物有反哺的现象，乌鸦也不例外。不过鸟类学家曾观察到，乌鸦作为一种群居的社会性鸟类，在鸦群中，有些新成年的乌鸦会帮助其他成年乌鸦哺育幼雏。在新成年乌鸦喂哺雏鸟的时候，年老乌鸦吃到食物的偶然巧合也并非不可能。

不仅是鸦科，研究表明鸟类中的翠鸟科、蜂虎科、林戴胜科、鹪鹩亚科、知更雀亚科等均有巢中帮手为正在繁殖的双亲家庭出力。由此可见，‘乌鸦反哺’不见得是小乌鸦在孝养双亲，很有可能是哥哥、姐姐在帮乌鸦父母喂养弟弟、妹妹。”

虽然乌鸦反哺只是一个美丽的传说，但是乌鸦是慈鸟、孝鸟的说法却深入人心。一个传说能流传一千多年说明了什么？只能说明孝道是社会发展的稳定剂和凝固剂，它能产生强大的向心力，使家庭和谐，社会进步。

羊羔跪乳的故事

“羊羔跪乳”无论怎么看，都是一帧非常感人的画面。

一则寓言故事是这么讲的，很早以前，一只母羊生了一只小羊羔。羊妈妈自然非常疼爱小羊，白天给它喂奶，晚上睡觉让它依偎在身边，

---

① 赵鲁：《“乌鸦反哺”是美丽的传说还是确有其事呢？》，《中国科学报》，2014 年 1 月 10 日，第 11 版。

母子形影不离。遇到别的动物想欺负小羊，羊妈妈就用犄角抵抗，保护小羊。

小羊觉得妈妈给自己喂奶太辛苦，就问妈妈怎样才能报答她的养育之恩。

羊妈妈说："我从来没有想过报答的事情，只希望你快快长大。"小羊听后，流下了两行热泪，从此它吃奶时都会双膝跪倒在地，表示难以报答慈母的深情。

人们看到这种情景，便以"跪乳"喻指孝义。

两千多年前成书的《公羊传》说，"凡贽①，天子用鬯②，诸侯用玉，卿③用羔，大夫用雁，士用雉。雉取其耿介；雁取其在人上，有先后行列；羔取其执之不鸣，杀之不号，乳必跪而受之，类死义知礼者也。"

古代的人初次见到尊贵的客人或长辈，天子是以美酒款待，诸侯以美玉赐之，高官以羔羊赠之，大夫以大雁奉送，普通官员或读书人用漂亮的山鸡当礼物。作者特别强调说，高官之所以用羔羊当礼物，是因为羔羊"执之不鸣，杀之不号，乳必跪而受之"，特别类似愿意为忠义而献身的知书达礼的品德高洁之人。"

"跪乳"行为对古人价值观的影响，也可以从衣服上看出来。

古代，用羔皮和狐皮制作的衣裳为最上品。汉代的史学家班固④在《白虎通·衣裳》中说："圣人所以制衣服……独以羔裘何？取其轻煖，因狐死首邱，明君子不忘本也。羔者，取其跪乳逊顺也。故天子狐白，

① 贽（zhì）：古代初次拜见尊长所送的礼物。

② 鬯（chàng）：古时重大活动节日宴饮用的酒，用郁金草酿黑黍而成。

③ 卿：借指古代高级官员。古时，君王称亲近的大臣为卿。

④ 班固（32—92年）：扶风安陵（今陕西咸阳东北）人，东汉著名史学家、文学家。其父班彪、伯父班嗣，皆为当时著名学者。班固9岁即能属文，诵诗赋，16岁入太学，博览群书，儒家经典及历史无不精通。其撰写的《汉书》是继《史记》之后中国古代又一部重要史书，他编撰的《白虎通义》，集当时经学之大成，使谶纬神学理论化、法典化。

诸侯狐黄，大夫狐苍，士羔裘，亦因别尊卑也。”轻煖，是温暖的意思；逊顺，是顺从、恭顺的意思。

中国明代时期无名氏编写的儿童启蒙书《增广贤文》里用更简洁的语言教育童蒙：

为善最乐，作恶难逃。
羊有跪乳之恩，鸦有反哺之情。
孝顺还生孝顺子，忤逆还生忤逆儿。
不信但看檐前水，点点滴滴旧池窝。

中国古人相信因果报应，讲究善有善报，恶有恶报。如果此生种下不孝的恶因，一定会在晚年时品尝晚辈不孝的恶果。

清代小说家李汝珍创作的百回小说《镜花缘》，第八十七回说：“羊有跪乳之礼，鸡有识时之候。”小说的流传比其他书籍更为广泛，因而“跪乳”这一理念就更普及了。

清代的另一部很有影响力的小说《九尾龟》也在第十六回说：“你想羔羊跪乳，鼷鼠成群，虽得禽兽，也还都有孝义之心。”

禽兽懂得慈悲，报答父母养育之恩的民间故事，主要目的是传播孝道思想，强调不孝不义之人禽兽不如，不得好报，从而起到强大的警示作用。

猿猴偷桃救母的传说

猿猴偷桃救母是母亲讲的另一个故事。

说的是古时候嵩山之下，住着一户人家，父亲死得早，只剩下母子二人相依为命。这家人的儿子长相难看，猴头猴脸的，身上的汗毛都是白的，人送外号“白猿猴”。

“白猿猴”长像难看，却是一个大孝子。每天天不亮进山打柴，换来米面供养母亲。有一年夏天，天气异常闷热，母亲身染重病，汤水不进，眼看就不行了。“白猿猴”心急火燎，无计可施，只好在打柴间隙跑到山神庙，跪在那儿闭目祷告，求神仙保佑。他又饥又累，祷告之后就倚着柴担睡着了。正睡着，忽然听见有人叫他的名字：“猴儿猴儿，你要是真有孝心，就翻过嵩山的峻极峰，找到王母娘娘的仙桃园，偷三个仙桃就能救活你的老娘。”他急忙睁眼一看，面前腾起一股白烟，一个白衣老道飘然而去。

半夜里，奄奄一息的老母亲突然叫道：“儿啊，我想吃王母娘娘的仙桃。”

“白猿猴”一听犯难了，这仙桃园是王母娘娘的宝地，由谋略大师鬼谷子承包，交给自己的两个高徒孙膑和庞涓看管，这二人都是兵法高手，偷他们的东西非送命不可。可是“白猿猴”是个孝子，思来想去，为了母亲，哪怕是死了也要去偷仙桃。

第二天天还没亮，“白猿猴”不敢惊动娘，悄悄起身，跋山涉水，翻越峻极峰，去找仙桃园。

走着走着，只见前面云蒸霞蔚，熏风吹拂，果香四溢，仙桃园已在眼前。这仙桃园三千年才结一次果，自然是枝叶茂盛，果实硕大。而且树与树之间排列有序，如同兵阵一般。“白猿猴”四下张望，见不到一个人影，心中暗喜，我何不学学蟠桃会上的孙悟空，也偷上几个？为救母性命，神仙也会谅解吧。

于是，“白猿猴”摘了三个大桃抱在怀中，快步沿原路返回。但是，他仿佛走入了迷宫，走了两个时辰，才发现自己还在原地转圈。正在焦急之时，他突然听见远处有人踩着树梢飞奔而来，仰头一看，坏了，孙膑巡山来了，于是拔腿就跑。孙膑在树梢上看到一只“猴子”偷桃，搭弓引箭，射向猴子。可是他心软，一箭射在了白猿猴腿上，没有要他的命。

孙膑下来之后问“白猿猴”：“你好大的胆子，敢来偷仙桃，这要是碰见我师兄庞涓，你现在命都没了。”

“白猿猴”手捂伤腿说：“求你让我把桃子送回去，我再回来任你处置。”

孙膑好奇地问为什么，“白猿猴”把母亲生病想吃仙桃的事情说了一遍。孙膑小时候是个专门与父母作对的人，如今看到这个相貌似猴的人为了救母亲连命都不要，深受感动，对“白猿猴”说：“你走吧，师父怪罪下来我替你担着。”

据说，孙膑年轻时离家出走，父母对他很无奈。“白猿猴”的孝心触动了他，他才学会忠孝双全，后来他学成回去，对父母孝顺之极。

诗歌中的孝道典故

作为诗歌的国度，中国古典诗歌里关于母爱与孝道的故事俯拾皆是。比如，“孝”字在《诗经》中总共出现 17 次，分布在《天保》《卷阿》《六月》《楚茨》《泮水》《下武》《雍》《文王有声》《载见》《既醉》《闵予小子》和《閟宫》中。还有 13 篇直接或间接谈到孝的精神。唐代有孟郊的《游子吟》，白居易的《母别子》更是名篇。可以说，每一首关于孝道的诗歌里都有一个感人的故事。根据我的阅读经历，在一首诗中引用民间孝道故事最多的是苏东坡的诗。苏轼的这首诗，名字长，内容也很长，叫《朱寿昌郎中少不知母所在刺血写经求之五十年》，讲述的是《二十四孝》中弃官寻母的故事。

这首诗一口气说了六个关于寻亲、认亲、弃亲的民间故事，把人生的悲欢离合与大爱包容呈现在读者面前，让人不胜唏嘘：

嗟君七岁知念母，怜君壮大心愈苦。
羡君临老得相逢，喜极无言泪如雨。
不羡白衣作三公，不爱白日升青天。
爱君五十著彩服，儿啼却得偿当年。
烹龙为炙玉为酒，鹤发初生千万寿。
金花诏书锦作囊，白藤肩舆帘蹙绣。
感君离合我酸辛，此事今无古或闻。
长陵揭来见大姊，仲孺岂意逢将军。
开皇苦桃空记面，建中天子终不见。
西河郡守谁复讥，颍谷封人羞自荐。

苏轼深受母亲影响，所以对朱寿昌千里寻母的故事格外感慨。苏轼的母亲程夫人出身名门，熟读诗书，深知礼仪，她勉励夫君读书，又是儿子苏轼、苏辙的启蒙教师。三苏父子成为一代文豪，程夫人功不可没。可惜的是，程夫人 47 岁就因病去世了。当时苏轼正在京都汴梁准备参加科举考试，母亲没有来得及听到他金榜题名的喜讯。所以，朱寿昌与母亲经历五十载而重新聚首的故事深深触动了他，他在诗的后半段讲了六个关于孝道的民间故事，让人们领会什么是“孝”，什么是“慈”，什么是“善”。

“长陵揭来见大姊”是汉武帝寻姐的故事。汉武帝偶然听说自己有一个同母异父的姐姐，姐姐的存在，证明自己的母亲在嫁入皇家之前结过婚并生过孩子。但汉武帝丝毫没有感到难堪，反而很高兴地要去认姐姐。他姐姐住在长陵，听说汉武帝要来，吓得躲在床下不敢出来。后来，有人搀扶着皇姐走出房门，汉武帝的所有随从立即向她跪拜行礼。武帝下车，哭着说："大姐，你藏得这么深，让弟弟我好找呀！"然后将姐姐接到宫中厚待。

"仲孺岂意逢将军"是霍去病认父的故事。西汉杰出的军事家霍去病是大将军卫青的姐姐卫少儿的儿子，确切地说是卫少儿与平阳县吏霍仲孺私通生下的私生子。霍仲孺不愿做霍去病的父亲，卫少儿也就没有告诉霍去病的生身之父姓甚名谁。霍去病少年得志，18 岁就得到汉武帝的赏识，做了侍中。后跟随大将军卫青出击匈奴，率领八百勇骑甩开大军数百里寻歼匈奴，歼敌二千余人，生擒匈奴单于叔父罗姑比，功劳冠于全军，赐冠军侯。霍去病成为骠骑大将军之后，终于知道了自己的身世。于是，他来到平阳（山西临汾），向当年抛弃了自己的父亲霍仲孺下跪道："去病早先不知道自己是大人之子，没有尽孝。"霍仲孺愧不敢应，回答说："老臣得托将军，此天力也。"随后，霍去病为从未尽过一天父亲之责的霍仲孺置办田宅，并将后母之子霍光带到长安栽培成材。

"开皇苦桃空记面"是隋朝开国皇帝杨坚的故事。杨坚的母亲吕苦桃，出身寒微，生长于北魏末年的山东泰山附近。杨坚做皇帝前，吕苦桃就因病去世了，他因此抱憾多年。杨坚统一全国后，励精图治，开创了"开皇之治"，国泰民安。这时候，他格外怀念自己的母亲，封母亲为元明皇后。他想找到母亲的家族，但因为吕苦桃出身卑微，经多方求访还是没有找到。正发愁的时候，忽然山东上书，说有男子吕永吉，自称有姑字苦桃，为杨忠妻，可能是皇帝舅舅的儿子。杨坚大喜，忙着叫永吉来见面。见了永吉，杨坚想起母亲，不禁落下泪来，可是永吉没有丝毫的忧伤，反而叫着杨坚的名字说："种末定不可偷，大似苦桃姊"，令文武百官哭笑不得。最终，杨坚还是认了这个表弟。但是，这个表弟“性识庸劣，职务不理，言词鄙陋”，自称皇舅，到处招摇。杨坚因怀念母亲而不得不吞下“吕永吉”这枚苦果。

“建中天子终不见”是唐玄宗的重孙子李适追封生母沈氏为皇太后的故事。李适的父亲唐代宗李豫当广平王的时候，纳有一妾，两人感情甚笃。来年，沈氏产下未来的德宗皇帝李适。然而，沈氏的命运却十分坎坷。公元 755 年，安史之乱爆发，唐玄宗率众亲信逃离京师去了四川。沈氏不幸落入贼人之手，被拘于洛阳。代宗李豫当时还是广平王，他与父亲一道，起兵讨伐安禄山。一年半之后，李豫打下长安，收复了洛阳，见到了被囚禁的沈氏。夫妻二人短暂相聚后，李豫又征战沙场，没有来得及将沈氏迎归长安。不料，安禄山的部队再次攻陷洛阳，沈氏下落不明。后李豫再次收复东都，“遣使求访，十余年寂无所闻。”等到代宗的儿子李适即位，立刻下诏曰：“王者事父孝，故事天明；事母孝，故事地察。则事天莫先于严父，事地莫盛于尊亲。”于建中元年（780 年）遥尊生母沈氏为皇太后。

“西河郡守谁复讥”说的是战国时期卫国人吴起的典故。吴起是一个才高八斗的军事家，一生不曾打过败仗，但又是一个为了功名可以舍弃母亲和妻子的薄情之人。吴起出生在一个富有的家庭，为了求取功名，到处求人走门路，最后弄得倾家荡产，遭到乡人的讥笑。吴起非常气愤，杀了诽谤他的三十多个人。临逃走时，他对母亲发誓说：“不当卿相，决不回卫。”吴起先去曾参之子曾申门下学习儒术。母亲去世后，未曾发达的吴起不愿回家奔丧。曾申认为他不孝，将他赶走。此后，吴起弃儒学兵，投奔鲁国。与齐国打仗时，鲁穆公想任用吴起，但考虑到他的妻子是齐国人，有些犹豫。吴起渴望功成名就，便杀掉妻子以示忠诚。鲁穆公任命吴起为将，率军大败齐军。后来鲁穆公对吴起产生了怀疑，吴起转而投奔魏国。在吴起的指挥下，魏国大败秦军，占有了原本属于秦国的河西地区，吴起也因此担任了首任“西河郡守”。然而，吴起功高盖主，手握重兵，引起了魏王的猜忌，魏王听信奸臣的挑拨，设计赶走了吴起。吴起临走时望着西河伤心地哭泣，不知是否想起了疼爱他的母亲和冤死的妻子。吴起投奔楚国后，终于实现人生理想，当上了宰相。他治国理政是一把好手，但也因“刻暴少恩”，杀人过多而结怨无数。老国王一死，他就成了皇亲贵戚必除之人，很快被杀。吴起为了功名，母死不归，杀妻表忠，先后投奔三个国家的君主，最后落得一个被乱箭穿心的下场，难道这不是对他不孝的报应吗？

“颍谷封人羞自荐”说的是郑庄公接受“颍谷封人”颍考叔的建议，掘地见母的故事。郑庄公出生时难产，差点要了母亲武姜的命，武姜因此不喜欢郑庄公，而是喜欢郑庄公的弟弟共叔段。后来郑庄公继承了王位，武姜与共叔段密谋造反，兄弟相残的结果是共叔段兵败自杀。郑庄公痛恨母亲教唆弟弟夺权，就写了一封信给武姜说：“不及黄泉，无相见也。”意思是，你如果不死，我是不会来见你的。武姜被流放到郑国偏僻的“颍地”（今河南登封）。颍地的地方官颍考叔看不下去了，想打抱不平，去见郑庄公，说：“母亲可以不像母亲，但你这个做儿子的怎么能不像儿子呢？”说得郑庄公羞愧难当，请教颍考叔如何收回成命。颍考叔想了一个办法，掘地见泉，然后母子在地下相见。郑庄公照此办理，母子和好如初。苏东坡用这个典故的意思是，假如颍考叔听到了朱寿昌弃官寻母的故事，也会自愧不如。

民间还有一首《劝孝歌》，我把它摘录在这里，与大家共勉：

孔子著孝经，孝乃德之属。
父母皆艰辛，尤以母为笃。

胎婴未成人，十月怀母腹。
渴饮母之血，饥食母之肉。
儿身将欲生，母身如在狱。
惟恐生产时，身为鬼眷属。
一旦儿见面，母命喜再续。
爱之若珍宝，日夜勤抚鞠。
母卧湿簟席，儿眠干被褥。
儿睡正安稳，母不敢伸缩。
儿秽不嫌臭，儿病身甘赎。
儿要能步履，举止虑颠状。
哺乳经三年，汗血耗千斛。
儿要能饮食，省口姿所欲。
劬劳辛苦尽，儿年十五六。
慧敏恐疲劳，愚怠忧碌碌。
有善先表扬，有过则教育。
儿出未归来，倚门继以烛。
儿行千里路，亲心千里逐。
孝顺理当然，不孝不如禽。

第八课

若得山花插满头，莫问母归处

——那些关于母亲的记忆

一

“小时候，总以为身边的人永远都不会离开。长大后才知道，人生就是不停地作别，渐渐永失所爱。”

2020 年 1 月，新冠病毒带来的瘟疫如同狂浪滔天的海啸，无声而又迅猛地袭击武汉，许多人来不及应战，已被裹挟而去。病毒不管男女老幼，高低贵贱，一律强横碾压，不留半点情面。这时候，90 岁的徐美武却没有片刻犹豫，挺身挡在了儿子前面。

她穿着蓝底碎花的旧棉袄，头发已经全白了，脸上、手上布满了老年斑和皱纹。在武汉协和医院的急救室里，她端一只木凳，坐在儿子床头，佝偻着腰，用胳膊支着垂下的头，仿佛已经使尽最后一丝力气。但她仍不忘握着儿子的手，传递妈妈的温存与鼓励。徐美武已经 90 岁了，为了让患上新冠肺炎的 64 岁儿子住进医院，她寸步不离地陪护了五天五夜。

儿子是一位歌手，每逢春节前夕，他都会参加演出。2020 年 1 月 18 日，他在一场联谊会上表演了独唱，结果七天以后，他开始咳嗽和低烧。29 日，儿子的病情越来越严重，急救中心将他送到武汉协和医院抢救。医护人员看到徐妈妈年纪太大，劝她不要跟着，可是，徐妈妈执意来到了医院。

医院里人山人海，徐妈妈儿子的 CT 检查排在 297 号，直到第二天早上八点钟，医生才看到了最终的 CT 结果：新冠肺炎。而且在几百个人中，她儿子的病情最重。

病床紧张，在等待住院的日子里，徐妈妈就坐在一个木凳上，面前是痰盂、整箱泡面、散装鸡蛋、杯碗勺……这是她陪床期间的全部家当。

面对来势汹汹的疫情，许多病人的家属尽量远离病人，以免被传染。徐妈妈却没有丝毫的胆怯，尽管她发着低烧，不时咳嗽，但没有一丁点放弃的想法，她一心想用自己弱小的身躯，替儿子挡住死神。

五天五夜之后，一位姓林的医生安排徐妈妈的儿子住进了医院的ICU重症监护室。此时的徐妈妈仍然不放心，找护士借了病历纸，写下一封信。

儿子：

要挺住，要坚强，战胜病魔。要配合医生治疗，呼吸器不舒服要忍一忍以便咳（嗽）。如果血压正常，鼻孔吸氧，请求医生。忘记给现金，托王医生带上五百元，可托人买日常用品。

凌晨三点多，一个人站在监护室外的徐妈妈心里不踏实，坐立不安。她说："我后来又去医院外孤零零地游荡，外面一个人都没有，原本胆小的我当时已经不知道什么是害怕了。我只希望还在抢救中的儿子可以转危为安，那样我才更有盼头多活几年。哪怕是把房子卖了，我也想把他的命换回来。"

然而，徐妈妈的儿子还是走了。他在住进ICU后的第二天下午就去世了。她写给儿子的信永远无法被儿子看到了。

林医生怕老人伤心，隐瞒了一个月才把这个伤感的消息告诉老人。当林医生在微博里说"对不起，我撒了个谎时"，全中国为徐妈妈而哭的人何止千万个。

无数的网友留言：

“看了这么多新闻没掉泪，看了这一条真的没忍住。真希望有些故事不要有结局。”

“怪不得奶奶的字写这么好，原来是民国少将徐普生的女儿，名门之后，不一样。”

“难过得仿佛有沙子进了眼睛。”

“想起一个人的话，所谓父母子女一场，只不过意味着，你和他的缘分就是今生今世不断地目送他的背影渐行渐远。你站在小路的这一端，看着他逐渐消失在小路转弯的地方，而且用背影默默的告诉你：不必追。”

“太难过了，生活或许会继续，但是失去至爱的痛苦余生都会如影相随。”

“请保存那封信，历史不可或缺的一页。致敬坚强的老奶奶！”

“看完，内心无比的沉重。这场突如其来的疫情，拆散了多少有爱的人。那些活着的人比逝去的人更难受。今后要把思念慢慢变成一滴热泪，奉献给至爱至亲。”

“爸爸妈妈的称呼，是这个世界上多么美妙的声音，可有的人再也不能叫了。”

“老奶奶一定要好好的，替自己的儿子活！”

徐美武的故事是现代版的慈母故事，受到数以亿计的网友的关注，让无数人流下热泪。不要忘了，这是一位自己走路都走不稳的妈妈，在随时可能撒手人寰的年纪，还想用五天五夜的不眠不休唤回儿子的生命。人世间，这样的付出，除了母亲，谁能做到？

母亲，就是世界上最疼我们的人，最知我们的人，愿意为我们付出一切的人。

相比之下，儿女们需要补的功课就太多了。

韩国有个女作家叫申京淑，她写了一本书叫《请照顾我妈妈》。

那是一个女人，忘记了童年和少女时代的梦想。

随着孩子的成长，她逐渐失去了自己，成了单纯的“妈妈”。

她全心地奉献自己，结果得了老年痴呆。

孩子们以为，妈妈永远是那个担得起一切的要强女人，当妈妈坐火车来首尔时，四个成年的子女却没有一个人想到应该去接。现在她失踪了……

妹妹知道消息后，忍不住对哥哥发了脾气，“家里这么多人，为什么没有人到首尔站接她呢？”

“那你呢？”

“我？”妹妹无言以对，因为她是在四天之后才知道妈妈失踪的。兄妹们互相推诿责任，每个人都心如刀割。

开始写寻人启事的时候，他们才发现根本不知道妈妈穿的是什么，妈妈会向别人说什么，甚至连妈妈确切的生日都不知道，而上次耐心听妈妈说话，又是什么时候？

他们这才惊觉，原来妈妈早已在他们心里走失了——希望还找得到她。

某个休息天，妹妹去哥哥家，看见哥哥拿着高尔夫球杆下了车，她厉声吼道：“混蛋！”如果哥哥都接受了妈妈失踪的事实，那还有谁去找妈妈呢？妹妹夺过哥哥的高尔夫球杆，摔在地上。她不愿接受没有了妈妈，生活仍在继续的现实。一天早晨，妹妹又去了妈妈失踪的地方，结果再次遇到了哥哥。哥哥说：“我们总觉得妈妈一生只有痛苦和牺牲，也许这只是我们自己的想法。我们总觉得妈妈悲伤，也许只是出于愧疚。

我们这样想，也许是小看了妈妈，以为妈妈的生命无足轻重。”兄妹想起了妈妈常挂在嘴边的那些话。遇到开心事的时候，妈妈就说：“谢谢！太感谢了！”懂得感恩的人，她的人生怎么会不幸呢？

如果你们看见她，请照顾我妈妈。

给来得及的你，一个机会。

给来不及的你，一个安慰。

故事的结尾处，妈妈依旧没有出现，留给儿女们的除了遗憾，就是悔恨。

申京淑说：“这本书仿佛是我的母亲抓着我的手，写出她自己的故事。在书中，当母亲找到自己母亲的灵魂（即作者的姥姥）时，她说：‘妈妈你知道吗，我这一辈子都是需要你的啊！’我想这就是普世的真理。当我写下这句话时，我认为这本小说终于完整了。不管我们是谁，我们都需要母亲，即使是身为人母的妈妈们！”

“一个人的发展往往需要另一个人的牺牲。时代或许会改变，但是母亲无时无刻不在牺牲自己。母亲是无可取代的角色。我认为生命之所以可以延续，是因为在其核心有个称作‘母亲’的个体，独立而坚强。”

“去爱吧，只要还能爱，就去爱吧。并告诉自己，母亲并非生为母亲，而是逐渐学习成为母亲的。寻找自己的母亲，就是寻找自己。如果读者看完这本书，第一个念头就是打个电话给母亲，身为本书的作者，我会非常非常高兴。”

毫无疑问，母亲是我们此生中最重要的人。她孕育了你，哺育了你，启蒙了你。在你刚开始认知世界的时候，母亲对你的影响力占比达到 70% 以上。你是母亲在世界上的另一种存在。

有一个有趣的现象，“妈妈”的发音，在印欧语系和汉藏语系的850多种语言中非常近似，说这些语言的人口约有35亿人，占了全世界人口的一半。这说明，妈妈这个词深深地根植在人类的记忆中。妈妈无论称职与否，陪伴时间长短，她一定是你此生中最重要的人。

当我们关注那些文化名人或科技名人时，总能看到他们的母亲对他们的影响：他们的天赋是母亲给的，他们的成功与母亲的启蒙与激励分不开。

二

我和那些小混混唯一不一样的，就是母亲不同。

有“日本电影新天皇”之称的导演、演员北野武在回忆母亲的时候说：“我用尽一生与母亲较量，最终满盘皆输。”

北野武是日本著名导演，号称“世界前十名的导演”之一，也有人说他是“亚洲黑帮电影”的代表。然而他从小却是个顽劣的孩子，与母亲的关系有些冷淡。他觉得母亲好像不怎么喜欢他，觉得自己好像不是母亲亲生的。这种情况持续了好多年，直到母亲去世以后，北野武才明白了母亲为何这样对自己。

北野家的孩子多，他爸爸是个油漆匠，对教育孩子不太上心。北野武的妈妈满脑子都是读书，她相信唯有教育才能摆脱贫穷，而北野武的爸爸希望孩子学手艺早点挣钱，他抱怨：“工人的小孩读什么大学，又赚不到钱。”“不上大学，以后绝对混不到饭吃，蠢人！”妈妈一生气，与爸爸顶起嘴来。

妈妈第一次带北野武去买东西，北野武盘算着是买棒球手套好还是电动火车好，结果他被领进了一家书店，刚嘟囔了一句“买书啊？”后脑勺立刻挨了一巴掌。为给孩子们买参考书、报补习班，妈妈到处找活干。即便如此，全家依然过着节衣缩食的生活，但是妈妈对这种生活毫无怨言，她心中只有一个信念，那就是让孩子上学。

北野武与妈妈的故事，写在他的著作《菊次郎与佐纪》里。

北野武迷恋棒球，不爱读书，妈妈认为这是因为他的业余时间太多了，于是又安排他去上英语和书法补习班。

可是，北野武总是逃学，跑到附近的朋友家或公园玩，玩到时间差不多时再回家。

有一次，一回到家，老妈迎面就说：“Hello，how are you ?”

我一时不知该怎么办，默不作声，结果挨了一顿好打。

“你没去上课吧？！要说‘I am fine.’混蛋！”

这真叫人不寒而栗。她怎么知道那些英语的？不会是和美国大兵交往了吧？我的补习费可能是美国人出的？太令人不安了。

其实她是为了我，硬学会了那几句。

后来，北野武考上明治大学工学院。他认为考上大学是凭自己的实力，毫无感谢母亲的心情，反而有点厌烦她。大学二年级的春天，北野武决定摆脱母亲的管束，搬出去住。本想趁母亲不在时偷偷溜走，偏偏被母亲迎面撞上。

“小武，你干什么？”

“我要搬出去。”

我别过脸去，听见雷鸣般的怒吼：

“想走就走，都读大学了，又不是小孩子。绝对别给我回来，从今天起，我不是你妈，你不是我儿子！”

尽管如此，她还是一直站在门外，茫然地看着货车消失在荒川对面。

我心里也难过，可是我坚信，不这样做，我就无法自立。

但很快地，我又陷入自甘堕落的日子。

别说是学校，连打工的地方都爱去不去，每天游手好闲。一回神，发现房租已拖欠了半年。

我不好意思面对房东，偷偷摸摸爬窗出入。

窗外寒风呼啸的季节里，我照例快中午时还躺在被窝里。

房东来敲门：“我有话跟你说。”

我呆呆站着，只有一句“对不起”。

混沌的脑袋认识到半年不缴房租，只有滚蛋一条路，我却突然听到怒吼：“给我跪下！”

我心想：这房东想干什么？但还是露出一点反省的样子，乖乖跪在地板上。

“哪里有你这样的蠢蛋？”

“啊？”

“欠了这么多房租，你以为还住得下去吗？”

“不，我想你肯定会叫我滚。”我低头回答。

“那你为什么还在这里？”

“因为房东很仁慈。”

“这就是你幼稚又愚蠢的地方。”房东叹了口气，“半年前你搬来的时候，你母亲紧跟着过来，是坐出租车跟来的。”

我一惊，满脸通红。

“她说：‘这孩子傻傻的，肯定会欠房租，如果一个月没缴，就来找我拿。’就这样，你母亲一直帮你交房租，你才能一直住在这里。我是收到了房租,但没有一毛钱是你自己掏的。你也稍稍为你母亲想想吧。”

房东走后，我瘫坐在棉被上许久。些许感谢的心情，混杂着永远躲不开母亲的懊恼……

终于有一天，当我上电视演出，酬劳超过百万时，我不知怎么回事，又想回那个久别的家了。

打电话过去时，心脏还猛跳。是母亲接的电话，“最近上电视，赚到钱啦？”

语气非常温柔。不料，我才说：“还可以啦。”她立刻缠着我说：“那要给我零用钱！”

这当妈的怎么回事，真会扫兴。既然如此，就让她见识一下。我准备了三十万现金，还请她到寿司店。

“妈，这是给你的零用钱。”我想让她惊喜。

她问：“有多少？”

我得意地说：“三十万。”

“就这么一点？”不变的刻薄语气，“不过三十万块钱，就一副了不起的样子！”

我能怎么办？当然是不欢而散，发誓再也不回家了。

麻烦的是，电话号码已经告诉她，从那以来，过两三个月她必定打来要钱。

妈妈 90 多岁的时候住进了养老院，有一天，她突然叫北野武过去，原因是嫌他不孝。会面时刚手术完的妈妈坐着轮椅，看见儿子，她非要自己走进会客室。

“我要走了。”

母亲突然握住我的手：“小武！”眼眶湿润。

我安慰她说：“我还会再来。”

她突然回我：“不来也行，只要最后再来一次。”语气变得强硬。

“下次你再来时，我的名字就变了，因为取了戒名。葬礼在长野举行，你只要来烧香就好。”

她又恢复成彻底好强的母亲……

我挥手跟姐姐告别。在零售店买罐啤酒，跳上停在眼前的车厢，里头空荡荡的。钻过隧道，也经过小锅煲饭，远处的高崎灯景忽隐忽现，猛然想起来姐姐交给我的袋子。

虽然医生说她没问题，但拿这个有点脏的小袋子当纪念遗物，母亲真是年老昏聩了吧？说她脑筋还正常，其实已经痴呆，搞不好里面装着菊次郎的丁字裤。我打开了袋子。

这是啥？我一时无言。

竟然是用我的名字开的邮政储蓄存折！

翻开来看，排列着遥远记忆中的数字：

1976 年 4 月 × 日 300000

1976 年 7 月 × 日 200000

……

我给她的钱，她一毛也没花，全都存着。

三十万、二十万……最新的日期是一个月前。

轻井泽邮局的戳印。存款接近一千万日元。

车窗外的灯光模糊了，这场最后的较量，我明明该有九分九的胜算，却在最终回合满盘皆输。

在我看来，这本书里最核心的只有一句话："我想起小时候的玩伴，现在不是工人、出租车司机，就是黑道混混。他们和自己哪些不同？没有。不，只有母亲不同。"

三

母亲的修养决定了孩子的教养。

胡适的母亲叫冯顺弟，23 岁便守寡，当时胡适才 5 岁，是她唯一的儿子。冯顺弟做了当家的后母，家中的难处苦果都是一个人吞。家里财政本不宽裕，全靠胡适的二哥在上海经营调度。大哥从小便是败家子，吸鸦片烟、赌博，钱到手就光，到处都欠下烟债赌债。那时候，每到除夕，家中总有一大帮讨债的，每人一盏灯笼，坐在大厅不肯走。大厅的两排椅子上满满的都是灯笼和债主。大哥早就避出去了，只有冯顺弟一个人应酬。她走进走出，料理过年的各项事务，好像看不见这些人一样。等半夜要封门的时候，她才央求一个亲戚来调解，每一家债主发一点钱，把讨债的人劝回去。等到胡适的大哥回来，不露一点怒色，依旧和胡适的大哥大嫂一起吃团圆饭。这样的过年，胡适经历过六七次。

胡适爱读书的习惯，是母亲培养的。

胡适说，他在母亲身边的九年间，只学会了两件事，就是写字读书。小时候读书，教书先生往往让学生死记硬背，冯顺弟却要求儿子每背一句都要懂得其中的意思。当时胡适家里十分困窘，冯顺弟依然送三倍以上的学费给先生，嘱咐先生一定给他讲个明白。在《我的母亲》一文中，胡适这样写道：

每天天刚亮时，我母亲便把我喊醒，叫我披衣坐起。我从不知道她醒来坐了多久了。她看我清醒了，便对我说昨天我做错了甚么事，说错了甚么话，要我认错，要我用功读书。有时候她对我说父亲的种种好处，她说："你总要踏上你老子的脚步。我一生只晓得这一个完全的人，你要学他，不要跌他的股。"（跌股便是丢脸、出丑。）她说到伤心处，往往掉下泪来。到天大明时，她才把我的衣服穿好，催我去上早学。学堂门上的锁匙放在先生家里，我先到学堂门口一望，便跑到先生家里去敲门。先生家里有人把锁匙从门缝里递出来，我拿了跑回去，开了门，坐下念生书。十天之中，总有八九天我是第一个去开学堂门的。等到先生来了，我背了生书，才回家吃早饭。

我母亲管束我最严，她是慈母兼任严父。但她从来不在别人面前骂我一句，打我一下。我做错了事，她只对我一望，我看见了她的严厉眼光，便吓住了。犯的事小，她等到第二天早晨我眠醒时才教训我。犯的事大，她等到晚上人静时，关了房门，先责备我，然后行罚，或罚跪，或拧我的肉。无论怎样重罚，总不许我哭出声音来。她教训儿子不是藉此出气叫别人听的。

胡适一生获得过 38 个博士头衔，成为公认的新文化运动的旗手，与他母亲的严格要求是分不开的。他的好人品也是世人公认的。学者张中行说："在当时的北京大学，交游之广，朋友之多，他是第一位。大家都觉得，他最和易近人。即使是学生，去找他，他也是口称某先生，满面堆笑，如果是到他的私宅，坐在客厅里高谈阔论，过时不走，他也绝不会下逐客令。”

而这样的好脾气，也是母亲教给他的。他说：“如果我学得了一丝一毫的好脾气，如果我学得了一点点待人接物的和气，如果我能宽恕人、体谅人——我都得感谢我的慈母。”

我母亲的气量大，性子好，又因为做了后母后婆，她更事事留心，事事格外容忍。大哥的女儿比我只小一岁，她的饮食衣服总是和我的一样。我和她有小争执，总是我吃亏，母亲总是责备我，要我事事让她。后来大嫂二嫂都生了儿子了，她们生气时便打骂孩子来出气，一面打，一面用尖刻有刺的话骂给别人听。我母亲只装作不听见。有时候，她实在忍不住了，便悄悄走出门去，或到左邻立大嫂家去坐一会，或走后门到后邻度嫂家去闲谈。她从不和两个嫂子吵一句嘴。

每个嫂子一生气，往往十天半个月不歇，天天走进走出，板着脸，咬着嘴，打骂小孩子出气。我母亲只忍耐着，忍到实在不可再忍的一天，她也有她的法子。这一天的天明时，她便不起床，轻轻的哭一场。她不骂一个人，只哭她的丈夫，哭她自己苦命，留不住她丈夫来照管她。她先哭时，声音很低，渐渐哭出声来。我醒了起来劝她，她不肯住。这时候，我总听得见前堂（二嫂住前堂东房）或后堂（大嫂住后堂西房）有一扇房门开了，一个嫂子走出房向厨房走去。不多一会，那位嫂子来敲我们的房门了。我开了房门，她走进来，捧着一碗热茶，送到我母亲床前，劝她止哭，请她喝口热茶。我母亲慢慢停住哭声，伸手接了茶碗。那位嫂子站着劝一会，才退出去。没有一句话提到甚么人，也没有一个字提到这十天半个月来的气脸，然而各人心里明白，泡茶进来的嫂子总是那十天半个月来闹气的人。奇怪的很，这一哭之后，至少有一两个月的太平清静日子。

四

母亲的理想有多高，儿子的成就就有多大。

诺贝尔物理学奖得主杨振宁说：“我一生最大的贡献是帮中国人克服了认为自己不如别人的心理。”1957 年获得诺贝尔奖之后，杨振宁收到了当时国内许多科学家包括周培源、钱三强等的贺信，但最令杨振宁感动的是他在巴西遇到的一件事。那是 1960 年，他携妻子杜致礼和孩子去巴西访问。到达机场的时候，有 200 多位华侨带着国旗到机场迎接他们。这些华侨都是在当地做生意的人，与杨振宁素昧平生。“这件事使我深深地意识到，获得诺贝尔奖，不是我一个人的事，而是一件对于许多中国人都有意义的事。”

我曾经聆听过杨振宁先生的演讲，他坦言：“我一生的成就与母亲有极大的关系，特别得益于母亲的意志坚强的‘遗传’。而现代人看不上的旧式妇女的愚忠愚孝的价值观，其实有无穷大的力量。”

杨振宁的母亲叫罗孟华，1896 年出生在安徽合肥，没有受过新式教育。

那个时候安徽是非常贫穷的，她小的时候还裹过脚，到了民国的时候，我母亲那一辈的女人把脚又放开了，叫作解放脚，所以她的脚不是三寸金莲，可是已经变了形。我每一次看见了她的脚，都觉得非常难过。她说当时裹的时候很疼，后来因为习惯了，已经不疼了，路也走得很快。

她没有受过很多的文化，她没有受过任何的新式的学堂的教育，她念过几年私塾，后来认字，是她自己学的。我认识汉字，头三千个字是母亲教我的，那个时候我父亲杨武之在芝加哥大学留学，所以我跟我母亲住在一起。现在，我认识的字加起来，估计不超过那个数字的两倍。

此后，母亲请来家庭教师教授 5 岁的杨振宁，凭借 3000 个汉字的功底，他领略了中国古典文化最初的风采。杨武之学成回国后，先后在厦门大学、清华大学任教，抗战时期，他们举家到了西南联大。

我母亲是一个旧式的女人，意志非常坚强。我常常想，父亲和我，还有弟弟妹妹们，在能够坚持，能够有极坚韧的意志力方面，都远远不及母亲。比如说在抗战 8 年的时间里，那个时候经济非常困难，父亲的薪水是远远不够，那个时候我们兄弟姊妹 5 个人，能够撑下来，与母亲的操劳与坚强的意志是分不开的。

跟我母亲一样的旧式妇女，我认识很多，我知道很多跟我同辈的朋友的母亲，跟我的母亲是相似的，我很佩服她们。她们有坚强的意志，她们受传统中国礼教的影响，而对于这些礼教，有坚定的信念。这种信念在今天看来，也许有人会说是愚忠愚孝，说它的价值观是错的，可是假如你忽略这个价值观，只讲所谓“愚忠愚孝”的力量，这个力量是无穷大的。

后来，到了比她年轻一辈的男人或者女人，这个坚强的意志，渐渐地没有了。所以你如果要问我，说我母亲除了养育我，除了教了我三千个字，还给我留下了什么呢？我想，是使得我了解到坚强的意志与信念，有无比的力量。

所有的母亲，对于她们的孩子，都有很高的希望。这一点，我母亲与任何一个母亲没有区别，区别在于她的意志与信念，要求我在天地之间走到足够高的程度。我母亲对于我的期望，跟我父亲对我的期望是不一样的，假如我很不成功的话，那我想，我父亲跟母亲对我的态度会截然不一样的，父亲的反应可能是原谅，因为他知道科学有多么难，母亲可能不会理解，这恐怕是全世界的父母和子女的关系的一个共同点。

五

面对苦难，母亲不是哭泣而是歌唱。

多年之前，一位喜欢读书的女子在看了莫言的几本书后对我说，这个莫言，将来会得诺贝尔奖。问其原因，她说，莫言有世界性的眼光，他叙述的人和事也是世界性的。莫言的小说，大多与母亲有关。《红高粱》里的我奶奶，《丰乳肥臀》里的俺娘，《蛙》里管计划生育的姑姑……个个充满灵性，敢爱敢恨，大胆泼辣，有时跋扈得像个女匪，有时又贤良得像菩萨。然而，莫言最感动我的还是他回忆母亲的文字。那些真实的故事和未经铺陈的文字比小说更能打动我。莫言的母亲没读过书，不认识字，她一生中遭受的苦难，难以尽述，但是她用歌声、慈悲、慷慨、包容和忍耐把她的人生观和世界观传递给了她的儿子。莫言在《诺贝尔获奖感言》中写道：

我出生于山东省高密县一个偏僻落后的乡村。5 岁的时候，正是中国历史上一个艰难的岁月。生活留给我最初的记忆是母亲坐在一棵白花盛开的梨树下，用一根洗衣用的紫红色的棒槌，在一块白色的石头上，捶打野菜的情景。绿色的汁液流到地上，溅到母亲的胸前，空气中弥漫着野菜汁液苦涩的气味。那棒槌敲打野菜发出的声音，沉闷而潮湿，让我的心感到一阵阵地紧缩。

这是一个有声音、有颜色、有气味的画面，是我人生记忆的起点，也是我文学道路的起点。我用耳朵、鼻子、眼睛、身体来把握生活，来感受事物。储存在我脑海里的记忆，都是这样的有声音、有颜色、有气味、有形状的立体记忆，活生生的综合性形象。这种感受生活和记忆事物的方式，在某种程度上决定了我小说的面貌和特质。这个记忆的画面中更让我难以忘却的是，愁容满面的母亲，在辛苦地劳作时，嘴里竟然哼唱着一支小曲！当时，在我们这个人口众多的大家庭中，劳作最辛苦的是母亲，饥饿最严重的也是母亲。她一边捶打野菜一边哭泣才符合常理，但她不是哭泣而是歌唱，这一细节，直到今天，我也不能很好地理解它所包含的意义。

我母亲生于 1922 年，卒于 1994 年，她的骨灰，埋葬在村庄东边的桃园里。去年，一条铁路要从那儿穿过，我们不得不将她的坟墓迁移到距离村子更远的地方。掘开坟墓后，我们看到，棺木已经腐朽，母亲的骨殖，已经与泥土混为一体。我们只好象征性地挖起一些泥土，移到新的墓穴里，也就是从那一时刻起，我感到，我的母亲是大地的一部分，我站在大地上的诉说，就是对母亲的诉说。

我是我母亲最小的孩子。

我记忆中最早的一件事，是提着家里唯一的一把热水瓶去公共食堂打开水。因为饥饿无力，失手将热水瓶打碎，我吓得要命，钻进草垛，一天没敢出来。傍晚的时候，我听到母亲呼唤我的乳名。我从草垛里钻出来，以为会受到打骂，但母亲没有打我也没有骂我，只是抚摸着我的头，口中发出长长的叹息。

我记忆中最痛苦的一件事，就是跟随着母亲去集体的地里捡麦穗，看守麦田的人来了，捡麦穗的人纷纷逃跑，我母亲是小脚，跑不快，被捉住，那个身材高大的看守人搧了她一个耳光。她摇晃着身体跌倒在地。看守人没收了我们捡到的麦穗，吹着口哨扬长而去。我母亲嘴角流血，坐在地上，脸上那种绝望的神情让我终生难忘，多年之后，当那个看守麦田的人成为一个白发苍苍的老人，在集市上与我相逢，我冲上去想找他报仇，母亲拉住了我，平静地对我说："儿子，那个打我的人，与这个老人，并不是一个人。"

我记得最深刻的一件事是一个中秋节的中午，我们家难得地包了一顿饺子，每人只有一碗。正当我们吃饺子时，一个乞讨的老人，来到了我们家门口，我端起半碗红薯干打发他，他却愤愤不平地说："我是一个老人，你们吃饺子，却让我吃红薯干，你们的心是怎么长的？"我气急败坏地说："我们一年也吃不了几次饺子，一人一小碗，连半饱都吃不了！给你红薯干就不错了，你要就要，不要就滚！"母亲训斥了我，然后端起她那半碗饺子，倒进老人碗里。

我最后悔的一件事，就是跟着母亲去卖白菜，有意无意地多算了一位买白菜的老人一毛钱。算完钱我就去了学校。当我放学回家时，看到很少流泪的母亲泪流满面。母亲并没有骂我，只是轻轻地说："儿子，你让娘丢了脸。"

母亲用自己的行动告诉莫言，什么是大爱和亲情，什么是宽容和理解，什么是怜悯和同情，什么是诚实和耻辱，什么是坚强和不屈。当母亲在巨大的苦难面前依旧唱着小曲劳作时，她的人格与力量一定是挺立于天地之间的。所以，莫言在小说《丰乳肥臀》的卷前语上，写下了“献给母亲在天之灵”的话，而实际上，这本书是献给天下母亲的。莫言说：“我的父母、祖父母和许多像他们一样的人，为我树立了光辉的榜样。这些普通人身上的宝贵品质，是一个民族能够在苦难中不堕落的根本保障。”

第九课

“我于昨晚去世，走时心如止水”

——老龄化时代里父母们的处境与需求

2020 年 5 月 2 日晚 8 时，距离母亲节还有十天时间，陕西省靖边县 58 岁的居民马某宽，用一辆手推车从家里推走了 79 岁瘫痪在床的母亲。大约六个小时后，他独自返回了家中，很平静地告诉妻子说，他将母亲送到靖边县新车站，并雇了一辆面包车将她送往甘肃省庆城县的亲戚家。

妻子将信将疑，为什么白天不送母亲非要晚上独自出门？她知道马某宽曾有过遗弃母亲的想法。于是，妻子叫上家里人前往车站寻找，搜寻无果。此时已是凌晨 4 点，马某宽也不见了。不放心的妻子将婆婆失踪的事报告了警方。

5 月 5 日中午，民警找到马某宽。经讯问，马某宽这才如实交代了自己将母亲“活埋”在了当地万亩林的墓坑中。此时，距其母被活埋已过去近 3 天时间。

警方表示，马某宽将老人遗弃墓穴，并用黄土封住，幸亏没有用脚踩实。经过一个多小时的救援，其母被挖了出来。经过医院救治，老人活了过来。

问及为何活埋母亲，马某宽说：“我回到家里，屎尿全在床上，臭烘烘的，我受不了了。”而他故意失联，拖延救援时间，更是异常无情。马某宽在活埋母亲这件事上唯一看出有一点人性的地方，是他没有把黄土踩实，让母亲不至于马上被闷死。

但是，刚刚清醒过来的母亲则开始担心儿子，说是自己爬进去的，希望警方高抬贵手，不要把儿子送进监狱。真是可怜天下父母心。

中国有句古话：“三十年前母养子，三十年后子孝母，此乃天伦。”舜帝小时候在父母和兄弟企图将他置于死地的情况下，依然孝敬如故，最终感动天帝，护佑华夏子孙开枝散叶，自此生生不息。

可是面对马某宽，讲天伦他懂吗？你说他什么好呢？母亲九死一生生他，含辛茹苦养他，花了多少钱，受了多少累，操了多少心，流了多少泪，老天让我们披了一张人皮，就要做人事，长人心呀。面对被救出来的母亲，好好想想吧。

那么，天伦是如何被破坏和无视的？

一是家庭伦理的瓦解。中国的家庭伦理自周代已经成形，到明清之际已经非常通俗化，即“孝顺父母，尊敬长上，和睦乡里，教训子孙，各安生理，毋作非为。”此后，这六句话基本奠定了中国人的家庭伦理观念。古时候为了保证家庭伦理的实施，官府制定了非常严格甚至严厉的法规，不养父母、斥骂父母、逼死父母等行为都是死罪，不得赦免。但随着 20 世纪初新文化运动的强烈冲击，中国传统的家庭伦理被定性为保守的、奴性的，导致道德传统的中断和孝道文化的困境。金钱至上、利益取舍、职场竞争、生活压力，让父母与子女的关系发生了错位。长辈的话语权弱化，致使一些子女因为缺少监督和管束，人性中“恶”的一面无限滋生，道德败坏、人格扭曲，最终酿成悲剧。这些年，杀母弑父、活埋母亲等事件的频频出现，就说明了这一点。

二是公众对养老模式的集体焦虑。面对失能老人，赡养，意味着老人没有尊严的苟延残喘，儿女还要面对不小的经济压力；不赡养，子女会面临道德的鞭挞和良心的拷问。在这种情况下，不同的人会有不同的选择。对“活埋母亲”的人，社会除了声讨，竟然还有同情和为其开脱者，这折射出了整个社会所承受的巨大养老压力。老龄化社会的到来，高档养老院的昂贵收费，低端养老院的服务缺失，传统居家养老模式的种种积弊，城乡空巢老人的生存困境等，如同一个巨大的堰塞湖，悬在已经变老和正在变老的人们头顶，任何一个突发的疾病、灾祸或变故，都会引起溃坝。

人总是要死的，年纪越大，看得越开。但在老龄社会中，老年人面对生命的终点，除了不舍，还面临着许多新愁和无法克服的困难：有的儿女不孝，不愿照顾；有的儿女生活窘迫，无力照顾；有的儿女一味啃老，终不愿相见；有的儿女太忙，顾不上照顾；有的儿女人在海外，鞭长莫及……于是，他们只能选择孤独地离去，没有人临终关怀，没有人通知亲属，没有人为之洒几滴怀念之泪。

世间最大的悲剧，不是因无人照料而仓促离世的老人，不是无人阅读的遗书，而是老人留给子女的无言的告别。

“我于昨晚去世，走时心如止水”。

这是 2017 年 12 月，南京一小区内 81 岁独居老人去世两个多月后被发现时，留在家中遗书上的一句话。

这位生前育有儿女的老太太，7 年前独自一人搬到离世的小区里。垂老暮年，疾病缠身，预感到将离开的她，在中秋节当晚写下这封遗书。她不知道，自己死亡两个多月后才被人发现。而发现者，不是她生养的子女，而是离她最近的邻居。儿女数个，生前无人问及；遗书落尘，死后无人阅及。

遗书上，老人细心地告诫前来收尸的儿女，进屋后不能扫地，否则浮灰会让人染病，要先用水淋湿地面，拖去浮灰，然后再用湿抹布擦干净桌椅，开窗通风，最后再整理东西。①

当你的父母在告别人世之前根本没有想过要求助于你，根本没有想

① 来源：《南京一独居老人中秋离世 死亡两个余月后被发现》，现代快报（南京），2017 年 12 月 22 日。

过要与你再见一面，而是留给你头也不想转过去的轻视，留给你不要你管的洒脱，你顿时成为世界上最失败的人，最让人戳脊梁骨的人。

最终你会发现，这场悲剧主角，是你自己。

当然，也有愿意在临走前再给儿女几句忠告的父母。

这是一位母亲给四个儿子的遗书：

儿子们：

今天六月初六，我过了80岁生日，也就是说，我活了整整80个年头了。

这么长的岁月里，我生了你们4个，又帮你们带大8个孩子，也就是说，我这一生，用一双手，亲手抚养儿孙12个人。但是，我老了，老到要看你们的脸色生活。尤其几年前，你们父亲去世后，我明显感觉到你们对我的不耐烦，一日多过一日。你们父亲刚去世那会儿，我真心希望哪个儿子能把我接到家里，我想和你们一起生活，哪个都行。为此，我盼了两个月。两个月后，我心凉了，我知道，不会有谁肯接我去你们家。好在那时候你们对我也算可以，四个人轮班，每人一个星期，这样每天晚上，我就不怕了。说心里话，到了我这个年纪，活到我这个份儿上，还有什么可怕的呢？我怕的不过是寂寞。

我的儿子们，你们陪伴我度过了一年零九个月，也就是大约630天。作为母亲，我心存感激，感激你们对我的陪伴。

之后，你们每一个人的脸色都越来越难看，来了，对我没有一句话，走了，依然没有一句话。仿佛你们进的是旅店，而里面那个眼巴巴看着你们的老太太，跟你们没有半点关系。我怕得罪你们任何一个人，虽然我不吃你们一口饭，不穿你们一件衣，甚至不花你们一分钱，但是你们陪伴了我，就是亏欠了你们。即使我变得小心翼翼，但你们还是一个一个悄无声息地撤出了我的夜晚，没有人再来了，把寂寞不容分说还给了我。

那也好，毕竟你们父亲去世后，你们陪伴了我一年零九个月，对此，我感激不尽。剩下的日子，我自己走。

艰难前行了两年多，我过了80岁生日，你们对我祝福：“长命百岁！”我笑，苦笑，活到这个年纪可以了，“长命百岁”没用。

这段日子，我的心脏越来越难受，我没有说出来，也不知道对谁说。我希望疾病能快点把我带走，那样我将感激命运对我的厚待。几天前的夜里，我梦见了你们的父亲，他笑着，看着我说，走吧，我来接你了，跟我走，你再也不会寂寞。

醒来，窗外群星璀璨，月亮又圆又大，这个美好的夜里，我梦见了你们的父亲，梦见他来接我。我感激他这一辈子的爱护，也感激你们630天的陪伴。

我的心脏一日比一日难受，我明白大限要到来，于是写了这封信，母子一场的缘分，总算快尽了。

我满头白发了，让我用我的满头白发发誓：我真的很感激你们的陪伴照顾，但除了这句，我还有一句要说的是：我后悔生了你们，如果有来生，再也不见了。

但我是母亲，我恶毒不起来，我还是希望你们4个的晚年都能幸福，不会被你们那8个孩子嫌弃。情尽了，言尽了，就此打住吧。①

尽管文章作者声明不想影射和针对任何人，可是，我们身边的这种事还少吗？

---

①《八十母亲遗书：谢谢你们照顾我，但我后悔生下你们……》，搜狐网，https://m.sohu.com/a/278102569_508621。

试想，一个连自己家人的生死都可以漠不关心的人，会有什么责任感？一个连自己的家人都不愿扶持、照顾的社会，会有什么生命力？

不过，话说回来，照顾重病或生活不能自理的老人，实在是一件苦差事。

2019 年 5 月，在英国 BBC 电视台播放的一部纪录片中，讲述了一个令人心碎的故事：英国 84 岁的老人劳伦斯・弗兰克斯，无法照顾 86 岁的患有老年痴呆的妻子帕特丽夏，无奈将其杀死后打电话自首。而他的妻子已经陪伴了他 62 年。

“我杀了我的妻子。”这是劳伦斯打电话自首说的第一句话。“她无法行走，而且还失禁，我实在应对不了，所以我杀死了她。”

接线员听到后十分震惊。

“我的妻子已经死了，这是你们需要知道的所有信息。”劳伦斯在自首电话中这样说道。

最令人揪心的是，劳伦斯要求警察来逮捕他时不要开警报器，只因为隔壁邻居家的小女儿在过生日，他担心会毁掉小女孩的生日派对。

劳伦斯在退休前是一名救生员，与妻子已经结婚 62 年。在杀死妻子前，患老年痴呆的妻子一直不想进养老院，健康状况不断恶化，已经 84 岁的劳伦斯无法长时间照顾妻子。

法院在审理此案时念在此案情况特殊，劳伦斯被法院指控过失杀人，被判两年监禁，缓期两年执行。

这个故事让众多网友感到难受：“听到他自首的声音，看完整个故事，真的让我难受了一段时间。”有网友表示：“真的太揪心了，得有多绝望才会让这个老人杀死陪自己走过 62 年的妻子。”还有的网友说：“我照顾过生病的老人，特别能体会这位老人的难处。”

照顾生病的老人，孝敬年迈的父母，是一件很难很难的事，其难度超乎一般人的想象，要花费自己大量的时间、金钱，同时需要极强的耐心。

这不是耸人听闻。

几乎每一个伺候过年迈父母的人都有切身的体会，他们每时每刻都有崩溃的可能。如果说父母在晚年活成了一座孤岛，孝顺的儿女就是这座孤岛上孤独的守望者。他们比“孤岛”更孤独。

父母责备儿女不愿把他们接到家里住。殊不知，儿女是担心父母住在他们家，会看儿媳或女婿的脸色，发生矛盾；怕父母不断地变换住所会因为不适应而引发疾病。

父母说自己有三四个儿女，但儿女照顾他们时却轮流值班，行色匆匆，应付差事。殊不知，儿女家里也有一大堆为难事，他们压根就没有想过让自己的下一代来照顾自己，他们一边照顾父母一边盘算着自己去哪家养老院了此残生，不知道自己的积蓄能否付得起养老院的费用。

父母抱怨儿女搬动他们的身体时动作不轻柔，夜里值班不耐烦，尿垫没有及时换。他们不知道，他们眼中的儿女已经是五六十岁、头发花白的老人了。在他们自己都需要人照顾的年纪，他们的腿脚已经不够利落，双臂不再有力，眼睛花到看不清药名，跑来做饭、洗衣、换尿垫，要克服身体上的种种不适。

一位 60 多岁的女儿抱怨道：“87 岁的老妈妈，一天尿几次，几乎是三小时要让人催一次，夜里要再起来两次。如果不是有人值守，几乎是次次尿在裤子里和床上。她自己动得慢和不愿动是主要原因，问尿不尿，总说不尿，但到时间一定让她尿，结果还没动弹，她就已经开始尿了。垫尿不湿她自己又老往外拽，怎么解决呢？”

2018 年 2 月 26 日，中国老龄委公布的数据显示，截至 2017 年年底，中国老年人口 (60 岁以上)2.41 亿人，占全国总人口的 17.3%。仅 2017 年，新增加的老年人口就超过一千万人。

老龄化有两个指标：一是老年人口不断增长，而新生儿出生率并未增长那么快；二是 60 岁以上人口占总人口的 10% 以上，或 65 岁及以上的人口占总人口的 7%，就可称为老龄化社会。中国从 1999 年就开始进入老龄化社会，目前已经成为世界上首个老人人口突破两亿的国家。

面对这样一个庞大的群体，不动用举国之力是办不好养老事业的。

我想与大家一起探讨应对之策，让中国的老年人生活得更安逸一点，更舒心一点。

一是重建家庭伦理道德，使人心回归孝道。

实话实说，这些年我们的尊老爱幼教育停留在嘴上，空洞口号多，践行措施少。特别是年轻人，一说到孝道，就说是奴性文化，是封建糟粕，结果自己成了个人中心主义者，精致的利己主义者，根本不会关爱父母和他人，父母的事情还不如他打游戏或看电影重要。有一个准备跳江的妈妈哽咽着给儿子打电话说："妈妈觉得心里烦，想去死。"儿子在外头上网，一听妈妈这话就生气了："你别找事行吗？我忙得很，你硬要去死，我未必拦得住。你说这话最没劲了。"

还有一对老夫妻，养育两个儿子一个女儿，有着体面的职业：老爷子是重点中学的老师，患有老年痴呆症；老太太是小学教师，身体不太好。但不幸的是，这对老夫妻在双双死亡多日后，才被闻到异味的邻居发现。警方勘测的结果是，老太太因突发疾病身亡，老先生因痴呆无人照料，也不幸离世。而真正的扎心的是，他们的长子就住在马路对面的小区里。

难怪有人说，这世上最远的距离，是仅隔一条马路，却一直见不到你。

想想这位儿子的所做所为，他的父母也是有责任的。两位老人一辈子为人师表，却教不会自己的长子走过一条并不宽阔的马路。

这条马路看似很短，其实却是多年来我们道德教育遗留的短板，解决起来非一日之功。

我想，家庭伦理道德的重建一定要从小事做起，从小处入手，使人心回归孝道。

我觉得，满街满墙都写上“尊老爱幼”的标语固然重要，但更重要的是让每个人都动起来、做出来。日本和韩国的学校会把学生的妈妈请来，让学生为妈妈端水洗脚，然后再写一篇作文，谈谈感受。一些欧美国家的媒体会让一些家庭关系紧张的父母儿女一起去野外生存，让他们一起找吃的，找喝的，一起涉过鳄鱼出没的河流、猛兽出没的山林，让他们在危险、饥饿中找到互相依存的亲情，体会互助互爱的温暖。

我去台湾的时候，发现那里对中华文化的传承也很有创意。台湾的佛光山每年都要举行仪式庆祝佛诞日，他们在庆祝佛诞日的同一天欢度母亲节。佛陀也是母亲所生所养，佛陀的生日也是母亲的难日，于是，在佛诞日欢度母亲节顺理成章，成为全民孝敬教育的一堂大课。佛光山从全台湾的数百个乡镇中，每乡选出一位优秀母亲，披红戴花请到台北的大会现场，接受万众的祝福与赞颂。政商学界的知名人士都会出席并讲话，分享自己孝敬母亲的经历。活动结束时，全场高唱赞美母亲的歌，许多儿女拉着母亲的手热泪盈眶。这对孝敬之风的形成有很大的感召作用。

这些年，我在重建孝道文化方面做了一些尝试。在省、市政府的支持下，我联合民间力量，连续十五年举办“全国十大孝贤”评选活动，后来又把这个活动拓展成了“登封国际孝贤节”，评选出了 176 名中外弘扬孝道的先进个人和单位。每年十月，整个登封张灯结彩，披红挂金，除了千余名政府官员、学者专家、媒体记者，还有数万名大中院校学生参加。当万余名学生迎着朝阳齐声诵读《弟子规》的时候，大家感到一股催人向善的力量。“最佳孝贤”除了到学校和企业演讲，还去敬老院做好事，在学校开设传统文化课。这些年，登封爱老敬老的风气明显提升，孝子多了，社会风气好了，经济实力和旅游收入提高了，实在是一举多得的事情。

我发现，现在全国许多县市都在举办有关孝道的文化节，我因此多次上书全国政协，希望在全国范围内设立“孝贤节”，让大家像过教师节、劳动节那样过孝贤节，把尊老敬老、孝顺父母的活动经常化、制度化。我们可以过西方的父亲节、母亲节，也应该有自己的“孝贤节”。

欧美国家也有类似的做法，比如美国就设立了“老年人月”。早在1963年，美国总统肯尼迪称赞美国老人是“拥有技能、智识、经验的国家资源”，他们是“美国进步的根基”，美国老人应该继续“提供咨询与领导力”。他决定将每年的5月设立为“老年公民月”。“老年人月”创立初期，主要是向那些曾经为国家服役过的老兵致敬，之后外延扩大，60岁以上老人成为美国政府、民众致敬的主要对象。在每个“老年人月”来临前或期间，美国政府、非政府组织、家庭或个人等以各种形式向老年人表达敬意与感谢。

美国处理老年人问题的主要机构是美国老龄管理局。他们每年会为“老年人月”设定一个新的主题——强调美国老年人各个方面的生活以及他们与所在社区的关系，提示他们应有的权利、与社区连通、运动与快乐等等。

通过这些做法，美国老年人已经变得越来越富有和健康。美国历届政府“老年人月”的种种努力也不断促使美国民众形成一种新的老年观——老年人是资源，而非负担。这种新的观念，不仅会使美国老人有尊严地活着，更会使美国从老年人的技能与智慧中收获巨大利益，也让整个社会对老年人的看法为之改观①。

二是以立法的形式确保孝道的实施，改变老年人的生存状态。

改变生存状态是老年人获得全社会尊重和家人孝敬的重要途径之一。如果我们的父母健康、富有，自己有住房与收入，过着体面的生活，他们肯定会获得更多的尊重与照顾。

根据2018年中国发布的第四次中国城乡老年人生活状况抽样调查结果②显示，中国的老年人在个人收入、就业、医疗保障、老年优待等方面有较大提升。60岁及以上老年在业人口增加了3188.5万人，老年人经济状况得到显著改善；医疗保障制度基本实现老年人全覆盖，城乡享有医疗保障的老年人比例分别达到98.9%和98.6%；65.8%的老年人享受公共交通、公园门票、旅游景点门票减免优惠。

但是，调查也发现，目前我国老龄工作和老龄事业还难以完全适应人口老龄化快速发展的客观需要，仍然面临很多问题，主要是：老年人口持续增加，老龄化程度持续加深，贫困和低收入老年人口数量依然较大；老年人健康状况不容乐观，失能、半失能老年人口数量较大；老龄服务发展不平衡，供求矛盾依然严峻；老年居住环境建设滞后，农村老年人住所和城镇公共设施不适合老年人问题突出；老年人精神慰藉服务严重不足，农村老年人精神孤独问题尤为突出。

报告认为，中国老龄事业发展水平还不能满足老年人口快速增长的物质文化需求，发展老龄事业任重道远。

我认为，改善老年人的生存状态，相应的制度措施一定要跟上去。

---

① 李胜：《美国怎么应对老龄化危机："老年人月"背后的故事》，原文载于2015年12月22日澎湃新闻。

② 李玲燕：《第四次中国城乡老年人生活状况抽样调查成果发布》，原文载于2016年10月10日央广网。

1. 多种举措保证他们衣食无忧。

目前，中国老年人的收入水平低于其他居民收入水平，尤其是城市退休老年人，收入远低于在岗的职工收入[①]。要解决这一问题，可以借鉴欧美国家的做法。1965 年出台的美国《老年人法案》强调为美国的老人提供医疗、健康、住房和社会服务，这个法案经过不断修正补充，内容日趋完备。比如很多老年人渴望继续工作，反对强制退休。1986 年联邦政府修正了《就业年龄歧视法案》，禁止所有依据年龄强制工人退休的做法，如果身体允许，你干到 80 岁也可以，只要你自己不提出退休，没有人能强迫你退休。这样，老年人有了发挥余热的环境与机会，也减少了政府养老的负担。美国在“老年人月”首创的 1963 年，65 岁以上人口有 1700 万，其中约有 1/3 的老人生活在贫困之中。从那时起到 2010 年，美国 65 岁以上人口的贫困率从近 30% 下降到不足 10%，老年人口的经济状况得到明显改善[②]。中国完全可以借鉴这一做法，推迟退休年龄，增加返聘的比例，提高老年人的收入和积蓄，从而让老年人的生活得到有效保障。

2. 通过多梯次精细服务降低养老费用。

学者吴贵生算了一笔养老账：在一线城市，公立养老院的床位有限，排队几年都未必排上，私立养老院收费昂贵，床位费 + 餐费 + 护理费，6000 元起步，医疗费另计。有国际合作背景的养老公寓，则高达万元以上。而宾馆式养老中心，最高的房间收费达 15000 元以上。这是一般

①《中国城乡老年人生活状况调查报告（2018）》，搜狐网，http://www.sohu.com/a/242977249_100122244。

② 李胜：《美国怎么应对老龄化危机：“老年人月”背后的故事》，原文载于 2015 年 12 月 22 日澎湃新闻。

工人退休金的好几倍。

那么居家养老怎么样？如果老人生活不能自理，请护工的费用，将在5000元以上，护工的职能是陪伴老人，按摩喂药喂食，协助大小便，推轮椅出去散步，如果再请个保姆买菜、做饭、洗衣、拖地，至少要3000元。这样不比住养老院便宜，还要为护工和保姆提供食宿。

吴贵生认为，在中国老年人已经达到近三亿人口规模的情况下，扩建养老院或增加床位是根本无法解决问题的，更何况昂贵的收费无形拒绝了大多数人。何不换一种思路解决中国的养老问题呢？“比如年满55周岁的老人，有资格购买一套50平米以内的养老社区房，他们居住在这里，享受养老服务，就如我们现在的普通小区，在物业管理的基础上，增加家庭护理服务，上门的护理员提供餐饮、娱乐、保洁、维修、应急、短途交通、体检等基础服务，付费则可以得到更多生活辅助。如果养老社区的业主还不打算自住，则可以交给物业代为出租给需要的老人，收取租金。”

“比如一个80岁的空巢老人，腿脚不是很方便，但尚能自理，他（她）入住养老院需要每月支付6000元，其中4500元是床位费，1000元是餐费，500元是服务费，他（她）实际需要的只是500元的服务，就是有人送饭、洗衣、拖地、维修、应急。如果社区卫生所再提供一个家庭医生和家庭病床服务，老人基本上就没有太多担忧了。因为子女陪伴也不过是解决这些问题。”①

我认为，要想让中国城市、农村里各个阶层的老人都能够得到妥善的照顾，养老方式需要梯次配置。

一是要成立专门的管理研究筹划部门。明确在今后的养老问题上国

①《吴贵生谈中国式养老》，新浪微博，https://weibo.com/2393549317/IFQYgrXIY?type= comment#_rnd1589422476597。

家层面做什么，地方政府做什么，学者与研究机构做什么，民间力量做什么。只要分工明确，研究到位，内心真诚，就一定能拿出中国式养老的最佳方案。

二是高中低端养老院的经营模式。政府与保险公司或者民营企业建立的高端养老院不宜多，允许其有一定的经济收益；中档的养老机构以服务为目的，收支平衡即可，机构不能追求利润，政府可以给予其免税或其他优惠政策；对于条件普通的养老院，政府则应给予一定的经济补贴，让低收入家庭的老人能够得到最基本的服务与保障。

三是建立养老社区，老人通过购买或租用该社区的房屋，住在属于自己的空间里，养老社区则提供收费的养老服务，如送餐、上门理发、清扫、洗衣、快递、陪同购物等。社区医生看病、娱乐活动则收取成本费。

四是建立护理型养老院，主要收治长期卧床的失能老人，他们需要专人陪护和康复治疗，政府应给予补贴。此类养老院就与养老社区建立配套机制，养老社区的老人出现不能自理或失能的情况，可直接转入护理型养老院。

五是居家养老。这种养老方式需要城市社区扩展面向老人的服务项目，提供日间照料和生活协助。应设立专职人员，负责协调解决他们在衣食住行和娱乐上的困难与问题。

六是农村养老模式的探索与建立。目前大多数农村的养老模式还是最传统的“养儿防老”“各顾各”的模式，乡村两级机构管得不多。建议借鉴农村帮助残疾人的“康复托养中心”“温馨家园”模式，建立“康乐老年中心”，一是组织老年人从事力所能及的劳动，如植树种果、种菜养鸡、加工手工艺品等，增加收入；二是收治半自理或不能自理的老人，给予治疗。

3. 让老年人享受更多优惠。

人一到老年，特别容易生重病、大病。一旦生病，费用高昂，据统计老年人医疗自付费用占其总医疗费用的一半。① 可谓“辛辛苦苦几十年，一病回到解放前。”

在医疗保障方面，我国几乎所有老年人都享受社会医疗保险，国家也为此付出了不少费用。但是，老年人购买商业健康保险的比例却较低。购买商业健康保险，他们会得到更好的治疗，这是需要宣传和推广的。另外，老年人更倾向于去基层医疗机构就医，但面临收费高、排队久等问题。如果医院的挂号大厅有两个专为 65 岁以上老年人开设的窗口，功莫大焉。我国的老人乘车、去旅游景点时都有优惠，但大家期望能有更多的优惠和减免。

在发达国家，当一个人进入 65 岁后，他能够享受政府的哪些养老服务呢？以日本为例，首先，日本政府会给老人 20 万日元（大约 1.2 万元人民币），用于其个人住宅的改造，以创造适合老年人生活的环境。譬如家里各处要装护手，添置老年人专用的浴缸等等，都可以向当地政府报销。其次，老年人购买轮椅、手杖、护理床等，90% 的费用由政府承担，个人只需要承担 10%。最后，政府将根据老年人的身体健康状况评定护理等级，支付不同金额的护理保险费，每个月最低约五万日元，最高的有十几万日元，用于请专业的护理人员来家里帮老人洗澡、打扫卫生、做饭。或者每周一至两次开车来接行动不便的老人去附近的养老院，洗个温泉澡，吃一顿中饭，然后与老人朋友们聊聊天，再开车送老人回家。

美国一家老年服务公司推出“共享年轻人”服务，为老人提供交通、

①《中国城乡老年人生活状况调查报告（2018）》，搜狐网，http://www.sohu.com/a/242977249_100122241。

购物甚至是陪伴上的协助。这家公司发现，许多年长者的子女或孙辈忙于工作，或是生活在遥远的他乡，难以陪伴在老人身边。而有趣的是，年长者虽不太愿意向家人表达要人陪伴的想法，但他们是希望有人陪伴自己的。他们发现，当提供帮助的年轻人在老人身边相伴 6 个小时以后，他们需要陪伴的念头越来越重。

提供服务的年轻人多半是大学生，很多是护理、社工等专业的。他们在为老年人服务之前，需要接受背景调查、驾驶记录检查以及性格测试。理想的协助者不仅要喜欢与老人生活在一起，而且要性格外向，有同理心，还要有耐心，不能只为了赚钱。年长者可以事先打电话咨询，告知公司服务人员他有哪些需求，然后匹配出合适的年轻人。

年轻人提供服务期间，可以陪年长者去超市购物、预定门诊看医生、做家务或者教长者如何使用科技产品，像平板电脑、智能手机等，服务价格是 15 美元 / 小时，相当于 100 元 / 小时。事实证明，许多年长者有时需要的并不只是偶尔的“载你一程”，他们希望的是有人能陪伴自己购物，帮自己装卸行李，或者是陪同自己去医院看病[①]。

4. 教育老年人学会维护自身权益。

老年人的弱势心态，会让他们做出一些“讨好”的举动。而这些“讨好”的行为往往会让他们跳入陷阱。

据报载，广州一位 62 岁的母亲在房子过户后，被儿子送进了精神病院。62 岁的黎丽（化名）说，2017 年 8 月 25 日，她被儿子送进白云区精康医院接受治疗，迄今已“被关”20 个月，度日如年。自己多次要求出院，儿子高某却一直不愿签字接她回家。对于儿子不愿接她出院

①《独居老人福音：美国老年服务公司推出“共享年轻人”》，搜狐网，http://www.sohu.com/a/272551443_723110。

的原因，黎丽表示，因自己名下房子已经过户给儿子，而且儿子已经掌握了她的所有财产，儿子担心她出院后，会争房子和财产。

坐在记者面前的黎丽，身着医院病号服，满头白发，脸色苍白，画了眉毛和眼线。在一个多小时的谈话过程中，情绪稳定，记忆力强，思路也非常清晰。在黎丽看来，儿子送她到精神病院，而且一住就是近两年，就是因为房子问题。

相关律师认为，这种情况可诉讼剥夺儿子的监护权。2018 年 7 月，黎丽的妹妹黎月已向广州越秀区人民法院提出民事讼诉，希望第三方医疗机构，给黎丽的“精神疾病”做司法鉴定，同时要求法院将姐姐黎丽的监护权判归黎月。目前，此案仍未判决。

老年人把自己的财产、房产过户给子女，多是为了得到儿女更好的照顾，也是为了让子女与自己更亲近。这本身就是弱势心态造成的，有点“巴结”的成分。一般情况下，子女是会履行承诺，照顾好父母的，但从当下的情况看，父母因此被儿女抛弃、虐待或放任不管的，也不在少数。这时候，即使是提起诉讼，也不好解决。

有些儿女非常生气地说，自己的父母把一生的积蓄都用于买保健品，这些保健品他们到死也吃不完，而且还有副作用。但这些儿女不知道，父母甘心受骗的原因有一部分是因为孤独。他们长时间无人交流，见不到儿女，被社会拒绝的失落和对衰老的恐惧，使他们对主动上门的销售人员心存感激。这些人三天两头拎着水果礼品来家探望，干家务、聊天，愿意倾听叔叔阿姨的家长里短，很快就把孤独的老年人的心融化了。有的老年人甚至说，就算他是骗子，我也愿意让他骗我几次，我花点钱让人听听我的心里话也好。

很多时候，让老年人学习《老年人权益保护法》能解决一些问题，但是，他们更需要关爱，关爱才能让他们的心态正常、情商正常、判断准确。他们还需要一些更简单实用的“实战”经验，比如要教育他们手里的钱物和房产“不到最后不撒手”，可以通过公证、遗嘱、协议的方式承诺，在自己去世后转给相关人员，并由第三方监督实行。一旦发现儿女不能兑现承诺，老人可以收回自己的权利。这种方法比“道德谴责”要管用。

5. 通过高科技手段关爱老人。

一方面，老年人自己要学习使用微信、短信、微博，学会手机上网，从而了解外面的世界。比如了解一些保健品的功能、价格、适用范围后，就不会受骗乱买了。比如可以咨询医生，讨论自身健康状况，得到有效指导。更重要的是可以与朋友和家人聊天，可以对历史和现实发表看法，强调自身的存在感。童话大王郑渊洁的父亲郑洪升 80 岁时开始写微博，每天一段，至今已经陆续出版了七本书。其中《父亲的含义是榜样》畅销一时。同时，他也在微博上收获了 50 万粉丝，充分享受了与网友互动的快乐。

在日本的一些养老社区，管理者会通过观察老人家中用水量的变化来关注老人的生存情况。一旦发现异常，会立刻上门查看。我们的社区可以借鉴这种方法，与相关部门合作，通过老年人家中水电煤气的使用情况了解老年人的生活，遇有老人突发疾病可以快速发现，快速送医。另外，儿女或孙辈在老年人同意的情况下，可以通过安装远程摄像头关注老年人的生活与活动，及时发现问题。

爱尔兰诗人叶芝说过：“多少人爱你青春欢畅的时辰，爱慕你的美丽、假意或真心，只有一个人爱你那朝圣者的灵魂，爱你衰老了的脸上痛苦的皱纹。”

这样的爱胜过无数的海誓山盟。

我们每个人都会变老，当衰老的脸上爬满痛苦的皱纹时，社会和亲人付出的“爱”必须是一个又一个具体的行动。当政府、社区、公益组织共同为老年人打造出一个专门为他们提供服务的生态系统时，即使没有亲人在身边，老人依然能够得到就医、吃饭、逛超市、健身、看望朋友、家庭照护等服务，只有这样，老人的幸福感才会得到更大的提升。

第十课

从寒门孝子到武林泰斗

——塔沟武校董事长刘宝山的尽孝人生

一

87 岁的刘宝山是我的老朋友，他脸上总是挂着惯有的谦和的微笑。

刘老爷子笑着说：“我是放牛娃出身，放牛大学毕业的。谁要问我啥文凭、啥头衔，啥也没有。要问俺们学校拿了多少个冠军，也不是老多，千儿八百个还是有咧！”

身家过百亿，却永远低调，这就是塔沟武校董事长刘宝山。小小的办公室里，一张老旧的五斗桌，一张钢丝简易床，一个取暖用的铁煤炉，一只刻着“楚河汉界”的大棋盘，上面的棋子个个如灯笼柿子般大小。墙上有两幅字：“一代宗师”“武林泰斗”。

刘老爷子说：“你记住，这样的奉承话，一定不能信。自己几斤几两要清楚。”

刘老爷子家住塔沟，我住马庄，两家相隔仅有四五里路。我走街串巷当木匠的时候，我俩就认识了。

那时候，我俩都非常贫寒，也都算手艺人。他教授武功，我帮人打柜子盖房，虽然只能勉强糊口，但我们都很乐观，想凭自己的力量打下一片天。刘老爷子平常说的话，有三句让我印象深刻：一是老天爷喜欢勤快人。二是干啥事都要认真，认真才能成事。三是要孝敬爹娘，你的福报都是爹娘给的。

刘宝山幼年丧父，靠寡母一手拉扯养大。

刘宝山是一个武术世家的第七代传人。

他的祖先是清朝康熙年间从偃师邢村逃荒过来的。登封在嵩山之南，偃师在嵩山之西北，邢村与塔沟相隔一座嵩山。

因为紧靠少林寺，刘家租种的是少林寺的地，喝的是少林河的水，少林武僧练功也在眼前，于是，刘家的男人们也开始习武。

也许是命中注定，也许是天赋过人，刘家在当地武林中频出高人，甚是让人羡慕。在少林寺的记载里，可以找到武僧教头刘廷选、总教头刘发泰等名字。刘廷选是刘宝山的太爷爷，刘发泰是刘宝山的爷爷。

刘宝山的父亲叫刘景文，是刘发泰的三儿子，他是四个兄弟中悟性最高的一个，12 岁已经掌握了心意六合拳、七星拳、春秋大刀等数十种少林绝技，27 岁娶妻生子，先后生下刘得山、刘宝山、刘友山兄弟三人。1935 年 8 月，刘景文被河南省队选中，参加在南京举办的国术擂台赛，获得冠军。此后，他在塔沟开馆授徒，教出的学生有千人之多。

那时所谓的武馆不过是自家小院和村里的打麦场。刘宝山那时不过五六岁，也跟着“添乱”，大人练武，他也在那胡乱比划，看上去有模有样。练功休息时，他就成了大家的“小玩意儿”，这个说，你敢往师傅的茶壶里撒泡尿，我给你一个柿饼吃。那个说，你往大师兄的鞋壳篓里尿一泡，我给你花生吃。结果，师傅的茶壶成了夜壶，师兄的鞋壳篓成了尿罐。

调皮的孩子有慧根。刘宝山天生就是个习武的苗子，6 岁时已经有些功夫，什么侧空翻、后空翻、金鸡独立、鲤鱼打挺全不在话下。有一次，还跟着父亲在洛阳的大街上表演了“少林护身鞭”，把一根三尺多长的皮鞭抖得连声脆响，场外看客忍不住叫好：哪里来的小神童，好生厉害！

然而，好景不长。1939 年夏天，看似钢打铁铸的刘景文突发疾病，撒手人寰，撇下孤儿寡母。那一年，刘得山 12 岁，刘宝山 8 岁，三弟刘友山还在襁褓之中，他们的母亲耿氏不过三十出头。

一口薄棺葬了父亲，随之而来的凄风苦雨可想而知。母亲耿氏挑起养家糊口的重担。

耿氏生就一双好看的丹凤眼，鹅蛋脸，一头秀发用银簪绾定，透露出些许倔强。她很快学会了所有的农活，犁地、耙地、收麦、扬场，没有她干不了的。到了晚上，一盏如豆的油灯下，耿氏还要纺花织布，宝山兄弟每天都是在织布机的咔咔声和纺车的嗡嗡声里睡着的。只要能换口吃的，她什么活都干。可是，还是穷，过年吃几个饺子，里面包的是红薯叶儿。

好在还有爷爷刘发泰的护佑。刘发泰拳法过人，善使春秋大刀，有"活关公"之美誉，为了刘家的血脉，也为了传承武功，他口里省，肚里掏，忍饥受累，接济刘宝山一家。刘宝山跟爷爷练武，把祖传的少林独门绝技学了个遍。古人说："富贵福泽，将厚吾之生也；贫贱忧戚，庸玉汝于成也。"意思是人要想成大器，必须经过艰难困苦的磨炼。

宝山在贫贱忧戚之中练就的童子功是饱含苦难的功夫，是百味杂陈的功夫，是百炼钢化作绕指柔的功夫。是血汗、意志和活下去的勇气凝聚而成的。

1945 年，爷爷去世，17 岁的哥哥为了躲避抓壮丁离家出走。少了一个劳动力，刘家的日子更苦了。刘宝山说，最穷的时候家里一口人一个月只有 8 斤面，饿得人前胸贴着后脊梁。咋办？吃糠、麸子[①]、红薯藤、红薯叶、玉米芯、棉籽壳，还得进山挖野菜、摘野果。绵枣、鸡头根、灰灰菜、榆树叶……啥都吃。有时候，饿得夜里哭醒了，觉得活不下去了。娘过来搂住他说："孩呀，人活一口气，提着劲，熬过去就有指望。"

娘说："你看要饭的耿炳银可怜不，晚上拱在外村的麦秸垛里，冷得吃不住，就搂着狗睡。你比他强，你有娘，不用搂着狗睡。"

娘就睡在宝山的炕边上，娘叹口气、翻个身，宝山都能知道。宝山想，娘比我苦，娘比我难，为了娘，我也要活出个样儿来。

① 麸子：小麦磨面过筛后剩下的皮和碎屑。

从小到大，娘没有打过宝山一巴掌，也没有戳过宝山一指头。犯了错，娘都是轻声慢语地开导，或是叹口气，偷偷地抹泪，宝山看了心疼，不敢轻易调皮犯错。

13 岁的刘宝山心疼娘，咬牙跺脚要像个男子汉一样支撑起这个家。

相邻的巩县回郭镇[①]新开了几家卷烟厂，需要大量的木炭烤烟叶，塔沟村的人便结伙进山烧炭，以换钱粮。刘宝山认定这是他养家的机会，也要去。可是，人家嫌他又小又瘦，干不了伐木的重活，不愿与他搭伙。娘也说："你身子骨儿还不硬实呢，过两年再进山也中。"宝山不服这口气，他说："娘，生死由命，我累死也比一家人饿死强，我非去烧炭不可。"

宝山背着几斤蜀黍糁、几个麸子馍和一口铁锅独自进了嵩山。

别人三五个一伙，圈出一块林子，挖个炭窑，就地砍树烧炭。宝山没有同伙，人家也不让他在附近砍树，他只好自己挖了一个窑，然后爬到更高的地方收集木头，或是去人家砍过的地方捡漏。他人小力单，扛树的路途比别人远。可是他勤快，起早贪黑地干，进度也不慢。早晨，别人还没起床，他就去担水，把别人的锅都加满水，烧开，然后才叫大人们起床，吃完饭，帮别人拾掇利索才去干活。他说，老天爷喜欢勤快人。

终于，有位大叔心中不忍，说，"咱们这么对待人家一个小孩，坏良心。"让宝山入了伙。

登封人知道，烧炭的有"三死"：烧炭在冬天，能把人冻死；烧窑在窑口，能把人烧死；砍树在山崖，不小心会摔死。宝山九死一生，总算烧出三窑炭。他要把这些炭担到五十里外的回郭镇去卖。一担炭六七十斤，挑着它翻嵩山，可不是闹着玩的。宝山后半晌走，天黑时找个山洞睡一会，五更天再起来，大清早赶到镇上把炭卖掉。宝山说，翻

① 巩县回郭镇，现为巩义市回郭镇。

山过沟，一担炭压得我鼻塌眼歪呀。宝山到底是跟着爷爷父亲见过世面的人，脑筋活泛，卖了炭，马上把钱换成一担棉花或一百斤麦子回来，那时物价飞涨，他把钱换成粮食，才能保证钱“不贬值”。

手上、脸上长满冻疮，鞋底、鞋帮磨出大窟窿，宝山回到娘跟前，娘哭成了泪人：“儿呀，你算把咱一家人的命救下啦。”

第二年，要饭的耿炳银和村里一大帮十五六岁的孩子都跟着宝山进山烧炭。穷人的孩子懂事，为了苦命的爹娘，这帮孩子也是拼了。一次，宝山和耿炳银一块挑炭去卖，肚子饿得咕咕直叫。宝山流着口水说，卖了炭，先买两笼包子吃。可是，等到真拿到钱，又舍不得，最后与耿炳银两人合着吃了一笼包子。他们觉得，那是天下最好吃的东西。

那几年，靠着烧炭，宝山家的日子有了起色。二十岁那年，他和哥哥都订了亲。要知道，那时订一门亲事，男方要盖新房，还要给新娘扯几身衣裳，打几付镯子，嫁妆是 600 斤麦子。他的新房盖得简易：干打垒的土墙，屋顶几根椽子一搭，铺上杆草，再糊上泥，就成了。炕也是泥砌的，吃饭的桌子断了一条腿，墙角的木箱看上去最体面，却是借别人的。那时，登封人很穷，乡下人娶媳妇为了体面，时兴去别人家借桌子、柜子、箱子等大件家具，摆在显眼的地方。媳妇娶到家之后，才会把实话告诉新娘。一般两三个月后，借的东西就必须物归原主，结婚时的气派荡然无存。

二

新中国成立后，在村里有了威望的宝山当了村农会主席、支部书记、乡长。他还记得选举时，18 个候选人，每人屁股后头放个碗，村民往碗里放黄豆，谁的豆多谁当选。

刘宝山当干部这些年，受表扬多，受批判更多。比如修少林水库三年，正赶上三年自然灾害，有的施工队不是饿死人，就是浮肿病一大堆，可他带的五百号人不仅没挨饿，还超额完成任务。为啥？宝山说，如果完不成任务就扣口粮，挨饿的人第二天就更没劲干活，罚他一星期，这人就完了。我批评人、处罚人，从来不扣口粮，我把那些做饭的、管账的、采买的都赶上山去，砍荆条、砍柴禾、采野果、挖草药、打野兔，然后把这些东西换成钱，上豫东买红萝卜给大家充饥。五百号人，没有一个人得浮肿病。

公家派人修桥修路，刘宝山合理排班，暗地里分段包工，腾出人手，让他们进城去当木匠、瓦匠挣钱，挣的钱补贴给大家。比如修 207 国道时，他就包工到人，完成任务后就让他们到城里打工挣钱。别的生产队，大工一天一块二毛五，小工一天四毛四。刘宝山的队，不论大工小工，平均每人一天额外补贴一块四毛九。大家皱纹纵横的脸都笑成了一朵花。

搞“三自一包”的时候，刘宝山规定村民包工包产，超产归己，开荒收成也归己。窗前屋后，种树种瓜，收成都给个人。那一年，塔沟生产队一年完成了五年的上缴公粮任务，人均口粮 200 余斤。刘宝山认准一个理：天理即人欲，让人吃饱肚子有钱挣，大家才会跟着你拼命干。县委副书记夸他：“你干得真恶[①]，厉害！”

原来，刘宝山是个改革的先行者呀。

可是，这样做也落下了把柄，有人到处告他，说他是黑包工头，破坏集体经济，是刘少奇的代理人，说他胆子太大，总是与政策拧着劲干。县里免了他的职，村里天天开会批他。刘宝山百口难辩，只好认栽，他每次去开批判会都带个大口袋，到了会场，往地下一铺，倒下就睡，啥

① 真恶：河南登封方言，真行、有能耐之意。

时候会结束了，他就拍屁股走人。后来，改批斗了，不让他睡觉，让他“坐飞机”（反剪双手低头）、“吃油条”（用棍子抽打），刘宝山就是不认错，“我没有错，你让我认啥呢？”结果，他的支部书记被撤了。他想不通，两眼含泪对娘说：“我不服，我要上告。”娘说：“孩呀，娘知道你没有干过坏良心的事，这些年你气也受够了，别再当官了。”

宝山听娘的话，成为一介平民。

撤职归隐，宝山没有心情采菊东篱，悠然望山，他重拾少林武功，决心把祖传的功夫传下去。他农忙种地，农闲练武，技艺愈发炉火纯青，方圆几十里的人都知道他武功高强。

学武之人，必须是忠义之士。宝山习武，深知孝为忠之始，孝为德之本。

宝山三兄弟各有三个儿子，母亲耿氏得了九个孙子，自然高兴，可是随着老之将至，老太太也有忧愁。她对儿子们说：“将来我老得啥也干不了了，可不想当要饭的，今天上这家，明儿去那家。”言下之意，不会去儿孙家轮流吃饭。

宝山记住了娘的这句话，一直跟着娘过日子。有人问：“你娘跟着你过日子呀？”他说：“你这话说反了。娘为大，我为小，娘是天，我是地，是我跟着娘过日子。”

宝山说，啥叫孝，现在有吃有穿，不惹老人生气就是孝。

宝山供养娘，从来不让哥哥弟弟分摊费用。他说：“我过得好一点，你们啥都别带，经常过来看看娘就中。”他还说，一大家子一块过日子，无形中就有一个“私”字。比如养鸡，每个媳妇都养，母鸡咯咯一叫，人人眉开眼笑去收鸡蛋，可是你让她把鸡蛋拿出来换点油盐，她就舍不得。我说这不中，这院子里的鸡的所有权归老太太，别人负责养，卖鸡蛋杀鸡，听娘的。宝山知道，管事的人就是个污水缸，背地里会挨骂，可是如果不立规矩，坏了孝道，那就是罪名了。所以不能留面子，错事必须纠正。

家庭和睦，再穷也能发家。因为孝心和善良就是种子，种下去就会开花结果。锦衣玉食、高官厚禄都不能使人终生快乐幸福，只有忍让、宽容、体谅、慈爱才是幸福的源泉。

宝山武功高，讲孝道，心不歪，办正事，在当地出了名。1977 年，有个酷爱武术的东北大汉慕名来拜师，当他见到宝山时，心凉了半截，自己向往已久的师傅竟然是个头戴旧毡帽，身穿对襟小袄，足蹬破布鞋的小老头。待了两天，他连喊一声师傅都不情愿。一天早上，他趁着练功，提出与师傅一块“练练”，宝山看透他的心思，让他尽管施展。东北大汉上身一个虚晃，抬腿直奔宝山的面门。宝山身轻如猿，一闪身，转手一个反关节技，前后不过三秒钟，东北大汉已被放倒在地。徒弟这才知道师傅的厉害。

宝山说，自打战场上出现了枪炮，武术就变成了健体强身的表演项目了。可是少林祖传的拳法，还是讲究实用，讲究一招制敌。我教的武术，没有多少花架子，图的是防身、管用。他把家里的三间草房腾出来，把门前的打麦场当操场，招收了十几个徒弟，办了一间“少林塔沟武术学校”。

1979 年，中国改革开放，百废待兴。日本少林寺拳法联盟创始人宗道臣克服重重困难来到了破败不堪的少林寺。当时少林寺只有老弱病残的和尚 13 人，无人能展示少林拳。好在登封还有刘宝山等民间少林高手。双方都很谨慎，中国官方认为国内武术荒废多年，不同意与日方比武，只同意各自表演。宝山看了日本拳师的表演，觉得他们虽然武功上乘，但还是表演的成分过多，实战性稍弱。宝山说，如果真比试，他们的招法他都能破。宗道臣对刘宝山等人的拳法非常欣赏，他拜少林寺为祖庭，立下了“少林拳法联盟中的所有盟员都要到嵩山少林寺归山探祖”的规矩。

不久，由中日友好协会会长廖承志支持、宗道臣参与投资的电影《少林寺》开拍并很快上映。一时间，“少林少林，有多少英雄豪杰都来把你敬仰”的豪气感染了国人，“日出嵩山坳，晨钟惊飞鸟”的咏叹更是让世界陶醉，少林武术名扬四海。数万青少年投奔少林寺学习武功。

这是中国传统文化强势回归的标志性事件。

少林寺威名赫赫，背后必须有真功夫。少林人才奇缺，十年动乱的空白急需填补。宝山急国家所急，把长护心意门、六合拳、七星拳、阴手棍、六合枪、春秋大刀等十几种濒临失传的武术套路全部整理奉献，获“河南省武术挖掘整理贡献奖”。塔沟武校规模也迅速扩大，从 1977 年的 3 个徒弟发展到了 2018 年的 35000 名学员。他们先后在国际国内比赛中拿下一万多块奖牌，其中金牌 6702 块。709 人次获得奥运和世界级冠军，在全国性大型武术赛事中获得 47 次团体冠军。实现了奥运会、青奥会、世锦赛、世界杯、亚运会、全运会、城运会、青运会等重大武术赛事金牌大满贯的目标。他们在雅典奥运会、上海特奥会、北京奥运会和残奥会、广州亚运会上的表演出色出彩，他们从 2003 年至 2018 年 15 次参加央视春节联欢晚会。

如果说世界是个“地球村”，那么他们就是这个“村”里名望最大的武林高手，其影响力扩展到世界各地，慕名前来学武的老外就有好几千人。观者叹曰：“少林的老虎下山了。”

更让人眼前一亮的是，塔沟武校文武双全。他们下辖的“嵩山少林武术职业学院”是具有大专教育资质的民办高等院校，他们的传统文化教学成果丰硕，《论语》《三字经》《弟子规》是必修课。他们的毕业学员有的在部队成了兵王，有的在特警队成了枪王，有的在重要部门当了“安保”，学校共为社会培养了二十余万名文武兼备的复合型专业人才，学生就业率达 86% 以上。

三

刘宝山总结自己武功的经验，总结出一套“训练无处不在”的训练方法。他说：“耕田扬场是不是练武？爬山上树是不是功夫？坐有坐像、站在站样是不是训练？‘出力似奴才，歇歇重回来’，气力攒不住，越用越长，你偷懒，老精老滑，一比武，你是半斤还是四两，人家看得清清楚楚。塔沟武校集会，老校区的学员、教练、老师一律跑步 10 公里到达，训练场上站立的姿势、眼神、身板都有要求，稍有马虎就可能挨上一脚。”

塔沟武校如同一支传承中国文化的火炬，它的光芒柔和而执着，照亮了武林学子的内心世界。刘宝山说：“塔沟武校有今天，靠得是天时、地利、人和。天时就是改革开放，时代的洪流浩浩荡荡，顺应潮流是真英雄。蜈蚣的脚很多，却没有蛇跑得快；鸡的翅膀很大，却不如野鸭飞得高。人的本事再大，没有时运也是白搭。”

但是，天时是人找到的，不是自动砸到人脑袋上的。从刘宝山的经历来看，他是一个有天时就会用的人，他绝对不会放过任何机会。这叫才能。

塔沟武校的“地利”，在于旁边有千年古刹少林寺，有登封当地领导和政府的扶持与推广。当地政府支持刘宝山做大，打造的是少林寺的牌子、登封的牌子、中华武术的牌子，一个民办学校带动了旅游、教育、餐饮等数个行业，何乐而不为？

“人和”，看的是人品。人品好、讲诚信、有美誉，前来投奔的人就络绎不绝。

天时地利是客观因素，人和是内在功夫。

刘宝山的内在功夫就是八个字：善能生勇，孝赢天下。

宝山说："有的人只会嘴上说，一到办实事，抓瞎，啥也不是。人的善，人的孝不是靠嘴吹，是靠心靠手去做的。"

宝山母亲耿氏活到 99 岁，宝山跟着母亲过了几十年，伺候了几十年。宝山说："母亲到晚年都不吃闲饭，每天还要摘菜、扫地、做针线活，一直活到五世同堂。最后得了胃出血，咋样都止不住。可能是母亲不想连累儿女，怕我累着，病了两个多月就走了。"

刘宝山孝敬母亲，有几件事做了几十年。

每天在外面忙完，回到家先给母亲请安。有时半夜回来，母亲已经睡下了，也要到母亲屋里说一声："母亲，我回来了。"宝山说，"我请了安，母亲才能睡踏实。"

宝山有了收入或是发了工资，回家必须如数交给母亲，把钱放在母亲身边的老式樟木箱里，需要用的时候再找母亲要。村里人都知道，刘家的当家人是宝山的母亲。

宝山儿女多，早年生活负担重。但几十年里，宝山每天早上都要给母亲做一碗鸡蛋汤，亲眼看着母亲喝下去，再去干其他事。

2002 年，99 岁的耿氏病重不起。已经 71 岁的宝山陪在母亲身边，白天喂药喂饭，晚上睡在母亲的脚头给母亲暖脚，一直陪伴 60 余天，直到母亲去世。

母亲耿氏是个慈母，儿子宝山却是严父。他对自己三个儿子的要求别提多严了。他说："母亲从小没有打过我，我对孩子也很少动手。但是做错了事，比如练武偷懒，与别的孩子打架，我会叫他们罚跪，跪在那儿好好想想，错在什么地方。"

三个儿子对父母恭敬有加，从来不敢犟嘴，父母就是错了，也得等他们火气消了，心情好了再去解释。他们相信，人生是一个磁场，你不感恩，就不会有福报；你不承担责任，就不会有成长；你不舍得付出，就得不到成功；你没有爱心，就不会有人爱你。

刘宝山不管别人说他观念先进还是落后，他对三个儿子永远一视同仁。“这是祖辈传下来的规矩，我不能坏了规矩。”三个儿子都是塔沟武校的高层领导，宝山坚持不管他们的职务高低，武校的股份给三个儿子平分。他说：“职务高也是干活的，职务低也是干活的，一碗水要端平，过去父母分家产就是这样的风俗习惯。”

三个儿子听父母的话，按父亲立的规矩办事，武校照样办得红火。

四

佛观一滴水，十万八千虫。人生不满百，细微见精神。

刘宝山的善和孝，就是塔沟武校“人和”的原因。

塔沟武校曾经来过一个另类的洋学员，法国人，名叫尼古拉斯，是个画家。说他另类，是因为他曾经是个“瘾君子”。常言道，一日吸毒，终生戒毒。戒毒是很难办到的事。尼古拉斯的哥哥万般无奈，把弟弟送到了塔沟武校。

尼古拉斯来到塔沟武校，一定要拜刘宝山为师。问他一个画家为什么偏偏跑到中国的大山里来学武，尼古拉斯双手合掌，耸耸肩膀，啥也不说。

看到尼古拉斯哥哥准备的戒毒药，刘宝山明白了。他想了好几天，才决定破例收下这个学生，因为这关系到一个年轻人的人生。他要求尼古拉斯必须通过习武强身，彻底戒毒，尼古拉斯自然满口答应。

答应归答应，一旦毒瘾发作就忘得一干二净了。尼古拉斯躺在地上胡乱扭动，骨髓里好像有万千虫子在噬咬，他哇啦哇啦地呻吟着，谁也听不懂啥意思。但塔沟武校的好处是全封闭管理，尼古拉斯纵有天大的本事，也找不到毒品。

学校专门为尼古拉斯配了翻译，刘宝山让教练员强制性地把尼古拉斯拉起来，抓住他的双臂让他打拳、练武……然后吃戒毒药。

毒瘾过了，尼古拉斯成了一摊烂泥。刘宝山过来为他发功补气，给他做可口的饭菜加强营养；然后，再次把他拉起来，抓住他的双臂让他打拳、练武……然后吃戒毒药。

尼古拉斯清醒了，很惭愧，很自卑。刘宝山说，知道错了，就是好孩子。有勇气戒毒，更是好孩子。

可是没几天，尼古拉斯毒瘾再犯，又是抽筋又是喊叫。

刘宝山不放弃，不灰心，仍然抱着他，安慰他，鼓励他练功。然后做好吃的给他吃。

刘宝山带这一个学生，比以往带一百个学生还累。

你还别说，宝山的“刘氏戒毒法”还真管用。一天、两天、三天，一个月、两个月、三个月……一年过去，尼古拉斯终于戒毒成功，还像模像样地学了几套少林拳。放寒假时，尼古拉斯要回国了，他来到师傅、老校长刘宝山面前，扑通一声跪下，行三拜九叩的大礼。

刘宝山赶紧拉他起来，说这种大礼自己消受不起。但是，尼古拉斯通过翻译告诉他，自己这是认义父的礼节。他认为刘宝山是他的再生之父，必须三拜九叩。磕完头，还非得让义父给他起个中国名字。于是，尼古拉斯后来就叫“刘嵩宾”，成了刘氏家族的外籍成员。

四年后的 2001 年，面色红润、气质高雅的“刘嵩宾”再次回到塔沟武校，回到了义父身边。这一次，他要通过深造精练，成为一名合格的少林武术传人，准备回法国当教练。刘宝山问他：“完全戒毒啦？”“戒啦。”尼古拉斯精神气儿十足地回答。刘宝山听了这话，激动得眼圈都红了，拉着义子的手连声说：“好孩子，好孩子！”

2008 年 8 月，塔沟武校官方博客刊登一则告示：急急急！绝症母亲想看儿子表演，急寻残奥会开幕式门票！虽说塔沟武校精选了两千多名学员参加盛大的残奥会开幕式，可他们却连一张入场券也没有。今天他们必须找到一张门票，因为一位不久于人世的母亲想最后看一眼儿子的表演。

儿子叫朱定天，11 岁，是塔沟武校表演队的队员。朱妈妈叫董昌毅，30 多岁，是位靠捡废品为生的妇女。

朱妈妈和丈夫朱得寿在浙江宁波收废品，供朱定天在塔沟武校学武。儿子年幼，武校很苦，他们很牵挂，一直想去登封看看，无奈家底太薄，只能把愿望深埋心底。屋漏偏逢连夜雨。就在奥运会开幕式临近时，朱妈妈被查出是肺癌晚期，医生说她最多只能撑三个月。

朱妈妈听到这个不幸的消息，不顾医生的劝阻，坚决要见儿子最后一面。

朱妈妈的心愿被媒体报道后，宁波一位王姓银行职员非常感动，决定把自己的开幕式门票赠送给董女士。朱妈妈拿到了梦寐以求的门票，悲喜交加，泪流满面。她多次掏钱给王先生，可人家就是不收。王先生说，无论这张门票多么珍贵，都要送给最需要它的人，那是一个母亲对儿子最后的爱。

然而，这是一个美丽的误会。当朱妈妈一家来到北京后，才知道儿子并不在北京。儿子参加的是 9 月 6 日开幕的残奥会，而非 8 月 8 日开幕的奥运会。

你一定能想到朱妈妈那一刻的尴尬和无助。

但是别忘了，还有“孝赢天下”的刘宝山和他的塔沟武校。

刘宝山知道了这事，连着办了三件事，帮助朱定天尽孝。一是当即决定免除朱定天的学费，还补贴生活费，直接把3000元钱打到了小定天的饭卡上。二是表演队原定8月12日抵达北京，学校在8月6日就单独带着小定天进京，让他与母亲见面。三是官方博客发文，急求残奥会入场券。时间紧迫，学校专门抽调两个人买门票，先上网找，又托朋友花高价买了一张能近距离看节目的入场券，学校还给朱妈妈买了望远镜，希望她更清晰地看见儿子。

9月6日下午，塔沟武校派车把朱妈妈送到鸟巢安检口，考虑到她行走困难，武校与志愿者沟通，让她坐着电动车直接到看台。终于，朱妈妈看到了塔沟武校场面宏大的武术表演《节日》。节目刚完，朱妈妈迫不及待地来到演员候场区等儿子。不一会，朱定天穿着演出服跑了过来，紧紧地抱着妈妈。母子相拥而泣。妈妈对小定天说：“男子汉大丈夫不能哭，以后在学校要好好表现，报答学校，报答社会。”

一直操办母子见面的总教练刘海科看到这一幕，想起了自己的奶奶和母亲，禁不住眼眶一热，背过脸去。

如今，刘宝山虽然已经是89岁的耄耋老者了，但依然每天上班。他说：“我往这儿一坐，学校就能稳住神，稳住气，四平八稳。有事的时候他们可以问我一下，他们有不对的时候，我也说说。不过，有一件事我就有点含糊，我的9个孙子，我个个都能认得清，也知道叫啥名，可是我的18个重孙子想认清就难了，得一个个地数。呵呵。”

老爷子说这话的时候，语气里满满的全是幸福和舒心。

坐在他的对面，你很难想到他是中国武术的领军人物，是“中国十大著名拳师”“中国十大孝贤”“中国民间文化杰出传承人”“全国劳动模范”“河南大学体育学院客座教授”，你会觉得，这就是一位辛苦劳作的老农，他一辈子种植善良，一辈子播撒孝道，一辈子栽培桃李。当桃花红，杏花白，桃李满天下之时，他浑然不觉，依旧用惯常的谦和，笑对吹绿大地的春风，笑对流水一样逝去的时间，笑对白驹过隙一般的人生。

第十一课

登封的乡愁

——村志里的祖先与登封孝贤节的由来

一

嵩山脚下的这个地方叫登封。

登封因公元696年武则天“登” 嵩山“封”中岳而得名。

这里是我的故乡，有我的乡愁。

嵩山海拔1512米，由太室山与少室山二山组合而成，共有72座山峰，延绵450平方公里。嵩山居五岳之中，故名“中岳”，意为居天地之中。嵩山又是佛家祖庭、道教圣地和少林功夫的发源地。《诗经》歌曰：“嵩高维岳，峻极于天。”唐代文学家崔融作《嵩山启母石碑铭》曰：“九州地险，五岳天中。蛟龙洞穴，日月仙宫。蓄泄云雾，震荡雷风。笙歌近接，钟鼓遥通。”

古老的登封长满了故事，在这些故事中，以充满传奇色彩的孝道故事最为动人。

登封人认为，嵩山脚下是大禹的故乡。

鲧禹治水是中国最著名的洪水神话，说的是五千年前的事。

在全世界的神话故事中，都有大洪水的故事。人类学家研究发现，在美索不达米亚、希腊、印度、中国、玛雅等文明中，都有洪水灭世的传说。

在中国人的洪荒故事里，鲧是皇帝尧的大臣，也是大禹的父亲。他被封为崇伯，封地就在嵩山附近。鲧受命治理洪水，时间长达九年。为了救万民于水火之中，鲧从天帝那里偷了一件名叫息壤的宝贝，息壤是一种可以自己生长的神土。鲧想把息壤撒向洪水，让水中长出陆地，以解除洪水之灾。天帝发现宝贝被偷，大为震怒，派了火神祝融下界将鲧杀死，鲧的治水失败了。鲧在这个传说中是个充满献身精神的伟大人物，如同古希腊神话中为人类盗火的普罗米修斯，而更为传奇的是，鲧留下了一个能力超群的儿子大禹。

传说中，鲧死后尸体三年不腐烂，天帝害怕有异变，就派祝融前去查看。祝融用锋利的吴刀剖开了鲧的尸体，只见被孵化了三年的大禹呱呱落地，见风即长，力大无穷。而鲧则化为黄龙，冲天而去。

大禹出生的地点在哪儿？史载“禹生石纽”。

嵩山少室山下的马庄、尚庄、张庄、王庄、左庄，古称“一溜石纽屯儿”，当地群众将此音转念为“一溜水牛屯儿”。左庄在古老的族谱中被明确记载原名祖家庄，也就是相传大禹治水三过家门而不入的村庄。“一溜石纽屯儿”有非常多的大禹文化遗迹，启母石就是其中之一。

启母石原名“启母室”，是一块几丈高的大石头，位于嵩山南麓的万岁峰下。登封人认为，这块大石头是大禹的第一个妻子涂山氏变成的，她在这里生下了禹的儿子启。

在传说中，大禹为了加快治水的进度，使尽了洪荒之力，他秘密地化身为黄熊拼命干活。为了不让妻子涂山氏知道实情，他与妻子约定，每当听到鼓声后才能前来送饭。有一天，大禹不小心碰落石块，石块击中鼓面，涂山氏听闻之后便来送饭。拐过山脚，当她抬头猛然看到一头大熊正在拱山时，顿时惊恐万分，提起饭篮就往家跑。大禹见状，返身去追，快到家门口时，惊魂未定的涂山氏猛然站定，变成了一块大石头。此时涂山氏已近分娩，绝望的大禹对着大石头高喊：“还我的儿子，还我的儿子。”

话音刚落，巨石崩裂，他的儿子从石缝中跳了出来，大禹由此把儿子取名为“启”。涂山氏变成的那块石头就叫“启母石”。

大禹在传说中是一个孝子，他为了完成父亲未竟的事业，不记私仇，拼命苦干，十三年间三过家门而不入。小腿上的汗毛被磨光了，脚趾甲也因长期泡在水里而脱落，终于将洪水引入四海，让人民得以安居乐业。

启母石的传说是对中国母系社会的一种记忆、一种怀念，也是远古时代孝敬之心的启蒙。北宋文学家、宰相、苏东坡的弟弟苏辙来到登封，看到启母石后感叹母亲的伟大：

神夫化黄熊，神母化白石。
婴儿剖还父，涕泣何暇恤。
尔来三千岁，往事谁复识。
惟有少姨存，相望居二室。

登封的地方长官颍考叔也很有智慧，他想出了“黄泉相见”的主意，敦促郑庄公尽孝。

千年一脉，登封的孝道像颍河的水一样，从远古流淌到今天。

二

人类有一个终极问题至今没有答案：我是谁，我从哪里来，我到哪里去？

我是谁，指的是现在；我从哪里来，说的是过去；我到哪里去，问的是未来。

惟有知道来处，才能清楚归途。惟有知道过去，才能预知未来。

中国人拜祖祭祖的传统，既有求得祖先保佑的愿望，也有弄清自己究竟来自何方的。

祖先高高在上，从苍穹俯视我们，不知道祖先，我们就像蒲公英的种子，随风而去，漂泊无依。知道了祖先，我们就像天上的风筝，无论飞得再高再远，总有一根线牵着我们。

位于嵩山脚下，“一溜石纽屯儿”之一的马庄小而宁静。但如果走近它，你就会从石碑上、磨盘上、古井中，读到无数的故事。

我出生在马庄一个尚姓人家的土炕上。马庄也因此成为我的故乡。

大禹已经远去，如今这里住着尚姓人家三百余户，他们拥有一个共同的祖先。我小时候，村里散落着十多棵百年古槐，有的在庙前，有的在街边，都很高很粗，两个小孩都抱不住。村中祠堂边上，还有一棵歪脖子枣树、一棵身子很斜的皂角树、一棵亭亭如盖的老柿子树，它们见证了那些已被遗忘的岁月。

夏天，每到中午或傍晚喝汤的时候，每棵老树下都有三五个端着粗瓷碗的大人或孩子，边吃饭边议论家长里短或是城里发生的大事。

这些老树是我们村与历史连接的一条纽带。它让你想起曾经在树下生活过的人，他们来过、笑过、哭过，有爱有恨……然后，他们消失了，就像沙漠中的脚印，风过就不见了。但是，在半梦半醒的时候，你会听到他们飘忽不定的脚步声和似有似无的话语。他们会站在你身后，温情地看着你，陪你度过一年又一年苦乐参半的日子。

我懂事的时候，村里的绝大部分人都不知道自己来自何方，向上数三代，就不知道自己的祖先姓甚名谁了。但是，这并不妨碍他们传承孝道。父母慈，儿女孝，一直是马庄的传统。

我们家就讲究以孝传家。我太爷爷生下儿子三人，长子尚名登、次子尚登科、三子尚登魁。尚登魁就是我爷爷。我爷爷这三兄弟中，以大哥尚名登受苦最多，寿命最长，对家族的贡献最大。

说尚名登命大，是因为在光绪皇帝登基的第三个年头（1877 年），登封遭遇大旱，尚氏家族 500 余口人，饿死、病死一半以上，马庄村中 6 岁以下的儿童仅活下来两个，其中一个就是我的大爷爷尚名登。如果他那时被饿死，或是被饿疯的人们当成充饥的食物，尚家的这一支脉就断了，就不会发生有后面的故事了。

尚名登躲过饥荒，又遭遇父亲亡故，由他侍奉母亲，带着两个弟弟谋生。他是一个庄稼好手，在十几年间，他辛苦劳作，赎回了祖辈典当出去的良田数十亩，给两个弟弟娶了媳妇，兄弟三家十几口人在一个院里生活，一个锅里吃饭。

1925 年，大旱成灾，村中的井水都干了。风水先生说，尚名登家宅基地下有水。54 岁的尚名登大度地说："人要是渴死了，要地有啥用？"他让出了宅基地让村民打井，打出了水。大爷爷掬起一捧甘甜的水，祭天祭祖，老泪纵横。村民感激，在井边立了一块石碑，上书碑文："尚名登设地一区，合议掘井一空，全村合用，日后无论本村、外人与临井户无干，与众村无干，持有自作祸耳。功成告竣开于石上，以志不朽云。"

我大爷爷有三个儿子，他的两个兄弟登科与登魁很年轻就过世了，各自留下一个独子——我伯伯根治和我爹根有。大爷爷把五个男孩拉扯成人，生活的压力可想而知。等到我伯伯根治和我爹根有各自成家，尚名登主持了我爹他们五个侄兄弟的分家活动。

当时有人提议，说根治和根有都是大爷爷拉扯成人的，尚家的土地是大爷爷从别人手里收回来的，大爷爷应该把房屋土地分成五份，让五个男孩各得一份。这样，大爷爷家实际上可以得到五分之三的田产。

但是，尚名登又一次证明了他的崇高德行，他说，根治和根有都是没爹的孩子，应该把家产一分为三，让根治、根有各得一份，自己的三个儿子共有一份。

大爷爷这么做，上对得起父母，下对得起兄弟。这事儿在村里传为美谈。

尚名登高寿，活到85岁。全家都对他非常孝敬。临终前一两年，老人瘫痪在床，脑子糊涂了，可是儿女们仍然像多年前一样，晚上都聚到他屋里陪他说话，三个儿子轮流照顾，无微不至。有一天，老人说："哎呀，我老想你们大姐呀。啥时候拉我去看看她中不中？"其实，老人的大闺女就在他身边。儿子们为了满足老人的心愿，就把老人抬起来围着院子走上几圈，然后说："爹，到俺姐家了。"大闺女就喊："爹，您来啦，赶紧喝口水歇歇。"

尚名登听了，心满意足地说："你们走得好快呀。"

没过几天，老人又说想大儿子了，儿女们就把上面的程序再做一遍，哄老人开心。

说起上慈下孝，村里还有一桩奇事。尚氏的一个媳妇叫郜智孩，因为没有儿子，40岁时从族人那里过继了只有7个月大的儿子尚学申。当时正闹大饥荒，缺吃少穿，更没有牛奶、奶粉一类的东西，婴儿饿得连哭的力气都没有。危急之中，大爱产生奇迹。郜智孩找了一些民间土办法催乳，每天把乳头塞到孩子嘴里叼着，祷告上天。结果，上天将奶水恩赐给了郜智孩，让她抱养的儿子活了下来。郜智孩晚年患老年痴呆，哭笑无常，儿子尚学申和媳妇一直守在老人身边。尚学申说："老娘啊，我累得半死，你还笑咧。"村里人说："那是因为你娘一看见你就高兴。"郜智孩患病九年，尚学申伺候九年，直到母亲去世。

马庄还有一种风俗：叫魂。家里老人或小孩病重昏迷不醒时，人们会认为这是他们把魂丢到山上了。于是，他们会拿一把扫帚，在扫帚上盖一件病人的衣裳，然后跑到嵩山上大声喊叫病人的名字，"回来吧——

回来吧——”，把他的魂叫回来。如果病人在住院，他们手里的扫帚和衣裳会一直拖到病房里。医生和护士看了，不禁哑然失笑，不让他们进门。但是，对于另一种“叫魂”的办法，医生和护士却深受感动。尚三水的儿子得了骨髓炎，骨头里发炎化脓，住院把钱花光了还没有好。尚三水立下字据，只要把儿子的病治好，欠医院多少钱都会还。儿子出院后，他却在医院里一住四个月，扫地、看门、收拾垃圾，靠给医院打工还上了药费。尚三水用这种办法把儿子的魂叫了回来。

马庄人真正开始思考自己从何而来，是在 1992 年的清明节。

那一天，尚氏十二世孙尚振川落叶归根，回到马庄。尚振川参加过抗美援朝战争，当过团政委和县委书记，退休后回到马庄。1992 年清明节的时候，振川叔提出各家各户有钱出钱，有人出人，买点供品，一起去祭拜尚氏祠堂和祖坟，跟祖先说说话，让晚辈了解一些历史。

不料，同族的一个晚辈对上坟的事不以为然，他说：“谁有钱谁上去，反正我不去，我的儿子们也不去。”

尚振川听说这事后，非常生气。当天晚上，他通知十几位年长的族人到场院开会。他在马庄辈份大、说话在理，威望很高。

他对那个人扬言不去拜祖的人说：“今天我想给你讲讲你的家史，讲讲你爷爷的事儿。你听好了。你奶死得早，你爹 4 岁就没有娘了，你爷天天把你爹背在身上，在屋里背，上地里也背。又洗衣又下地，又当爹又当娘。那年夏天，你爷看瓜，带着你爹住在瓜棚里。一天晚上，风雨大作，炸雷在瓜棚附近打出一个火球。你爷一看不对劲，以为龙王要抓他和儿子。他赶紧独自离开瓜棚，想把雷公引走。他跪在地上朝天祷告：‘老天爷，我要做错了啥事，你把我抓走，千万别碰俺儿子。’结果，他跪着淋了一夜雨，发高烧晕倒了。第二天，村里人发现他的时候，他都硬成一根棍了，好不容易才救过来。你爷就是这样把你爹养大的，这才有了你们后代的子孙兴旺。你说说，我们明天去给你爷上坟应当不应当？”

振川叔的话音一落，那人的泪就下来了。他说：“叔，我不对，明天我全家都去给祖先上坟。”

那一次，全村 300 多口人都去祭祀尚氏祠堂和祖坟。振川叔指挥大家跪在祖坟前，给家族的先人三拜九叩，神情庄重，气氛肃穆。

从那以后，每年我们村都在清明节这天去拜祖，去祠堂上香。

我们村尚氏祖坟原先修在村东靠山的坡地上。1981 年，马庄修水库，村里人把祖坟迁到了水库大坝一侧。迁坟时，发现最早的尚氏先人的墓碑立于乾隆四十八年（1783 年），距今有二百三十多年。不过村中更早的历史已经无人知晓，这件事一直让我觉得遗憾，觉得对不起祖先。祖先把我们带到这块土地上生息繁衍，我们却把他们忘记了，这是不孝呀。

问姓惊初见，称名忆旧容。

根据老辈人口口相传的说法，马庄尚氏是从山西洪洞大槐树下迁来的。后来，我读书时有意无意了解了尚姓的来源。

据《元和姓纂》和《姓氏考略》记载，尚姓望出京兆、清河、上党、汲郡。意思是尚姓古为望族，在唐朝之前，尚姓家族曾兴盛于今陕西西安、河北清河、山西长治、河南汲县一带。

尚姓，在百家姓中排名第 319 位，人口约 125.5 万。在登封，尚姓约 2000 余人。尚姓的渊源大约有七：一是源于姒姓。夏朝部落崇尚黑色，于是有大臣取名尚黑，后代以先祖名字为姓。二是源于姜姓，是周朝姜太公的后裔。姜太公名尚，字子牙，被尊为太师尚父。后代以其名为氏。三是源于官名。春秋战国以后有官职名尚书、尚书令、尚书仆射等，后代以官职称谓为氏。四是源于鲜卑族，唐朝时鲜卑宇文部，汉化后以官名为氏。五是源于吐蕃族，唐朝时有吐蕃国部落首领汉化后改姓为氏。六是源于琉球族，出自明朝时琉球国君主尚巴志，属于帝王赐姓。七是源于景颇族，属于汉化改姓为氏。

我们的祖先由山西迁来，始祖是谁已不可考。不过幸运的是，马庄里识文断字的人不少，历史上有人进过太学，有秀才、有举人、有做官的，他们为马庄留下过少量的珍贵文字，让我们这些后人能够透过历史烟尘看到家族的血脉传承。

特别是马庄尚氏第十二世尚旭九、十三世尚鼎三、十四世尚才仁，祖孙三代为马庄撰写村志，编写族谱，其志可嘉，其情可感。

马庄尚氏始祖自明朝洪武年间[①]由山西迁至登封城西尚庄，后迁入马庄，到 1944 年，尚氏已在此繁衍了十二代。据说我们的六世祖尚悰和七世祖尚淑慎修过族谱，但没有流传下来。

新一轮的族谱修编开始于 1932 年，29 岁的尚旭九开始为马庄尚氏修谱。尚旭九生于清朝末年，天资聪明，毕业于县立嵩阳学堂，当过民国时期的乡长，曾出资修缮村中的观音祠和七贤庙。他少年时就留意收集族人史料及故事，又写得一手漂亮的柳体楷书，历时两年，编出了族谱的初稿。可惜无钱刊印，只能存放于家中。1944 年，日寇占领登封，族人纷纷逃难，族谱草稿丧失大半，残缺部分也难以辨认，多年心血，付之东流。1963 年清明节那天，年愈古稀的尚旭九上坟祭祖，深感自己来日无多，再不修谱，恐怕再也没有机会。他在缺吃少穿、无人相助的情况下，凭自己的记忆，用一支羊毫笔把马庄尚氏的世系图谱简单画出来，交给了儿子尚鼎三，再三嘱咐他一定要完成修谱修志的心愿。

尚鼎三是民国时期马庄唯一考入开封师范学院的大学生，完全胜任

① 明初大移民：洪武三年（1370 年）至永乐十五年（1417 年），明朝政府先后数次从山西的平阳、潞州、泽州、汾州等地，中经山西洪洞县的大槐树处办理手续，领取“凭照川资”后，向全国广大地区移民。

修谱之事。无奈尚鼎三因早年在国民政府里做过官，出身不好，文革时受到迫害，一直没能续修家谱。1988 年，定居在江苏常熟的尚鼎三已经 70 岁了，他深感时日不多，这才动手修谱。然而，天不遂愿，尚鼎三患了癌症，住进了医院。为了抢时间，他让自己的堂弟友怀和侄子才标、才倍和才仁帮他收集资料，自己躺在病床上整理资料，开始修谱。他在给侄儿尚才仁的信中说，如果再不赶上这一次，将成终生遗憾。两年后，族谱草稿完成。又两年，尚鼎三辞世。

这之后，尚鼎三的侄子尚才仁在整理族谱的基础上开始撰写《马庄村志》。

尚才仁个头不高，上过中专，职业是乡村医生。他从医 50 余年，治病救人无数，还以一己之力在荒山上为生产队建了一个果园。尚才仁从小看爷爷和叔父整理族谱、村志，内心非常钦佩。他说，“我认为孝有三种，一为孝身，奉养老人；二是孝心，让老人心中愉快；三是孝志，让老人进入族谱、村志，供后人纪念。有人说我的闲话，写老祖宗的事儿弄啥？不顶吃不顶喝，给不了你房子也给不了你地。可是仔细一想，这房子这地就是老祖宗给的，连你的命都是老祖宗给的，你的脾气秉性、为人处事、学识教养都跟老祖宗有关系。心里有祖宗，你不敢干坏事，不敢败家业，不敢坏门风。古人云：‘子孙不知姓氏所从来，以昧昭穆之序者，禽兽不如也。’姓氏是血缘关系的标志，我写家谱、村志，是写我们这个姓氏与家族的光荣与传统，是激励尚氏后人光耀祖先，发家致富，事业有成。”

为了爷爷和叔父的嘱托，尚才仁于 1995 年开始遍访村中老人，查匾额和墓志铭，查各种史料，搜寻实物，整理笔记。写史修志是专业性很强的学问，尚才仁学历不高，但他工夫下得深，学问做得细，凭借着惊人的毅力，用二十年时间，修订完成了《尚氏族谱》和《马庄村志》。

遗憾的是，村志初稿刚完，尚未付梓，尚才仁就病倒了，是胃癌。

尚才仁是我的家侄，我感动于他们一家三代接力为马庄写志的壮举，出资印刷出版了这两本书。这两部书作为登封文化传承的史料，被县里有关部门收藏存档，而我们周边的村子受此影响，也开始修谱修志，彰显孝心，令人宽慰。

三

2014 年 3 月 5 日，在北京大学中国文化书院（治贝子园），来自登封的三位老者与一批文化学者见面了。他们讨论的是一个国际性的话题，如何把“孝文化”的推广到全球华人当中，推广到研究中华文化的“老外”当中，让孝文化产生国际影响力。

来自登封的三位老者千里迢迢，就是想听取学者们的论证报告。学者们认为，信息时代，地球已经变成了一个村庄，电信和网络能让信息瞬间飞越万里，如同从村东头到村西头一样便捷。在西方文明大举东进的今天，中国文化也有必要向西方流动。在流动之中，西方会从孔子的孝文化中找到东方思维的规律，中国人也会从西方宗教中找到所需的营养。《圣经》就说过：“你要使父母欢喜，使生你的人快乐。”“咒骂父母的，他的灯必灭，变为漆黑的黑暗。”

中国的孝文化在被批判多年之后，需要重新定位，需要扬弃和传承，这些工作离不开文化的交流。而在海外华人和中国文化学者中，许多人对孝文化的理解更独到、更深刻、更具建设性。

“三老”听罢学者论证，当场拍板，把延续了十年的“全国十佳孝贤评选活动”升级为“嵩山国际孝贤节”。

“三老”是谁？为什么创办国际孝贤节需要他们拍板？话还要从十年前说起。

其实，所谓“三老”，就是三个老伙计，一个是当年83岁的塔沟武校的董事长刘宝山，一个是72岁的我，一个是71岁的中国文化书院嵩山孝道院的冯振德。

三个人身份不同，却有一点相通，都是当地出名的孝子。刘宝山从小由寡母带大，知恩图报，奉养老母到99岁。我和冯振德却是“子欲养而亲不待”，母亲万般辛苦拉扯我们长大，却一天福也没享就走了。冯振德早年当过代课老师，后来又当了多年的大队支书，再后来当了乡办企业的董事长，是一位能人。

日子越好，越怀念自己的母亲。2004年盛夏的一天，法王寺高大的银杏树下，几只雪白的鸽子躲在浓荫里小憩，冯振德和当过县文化局长的郭振峰一起来到我的面前。泡上茶，他们说明来意：当今社会上不孝敬老人、不尊重父母的事情时有发生，特别是年轻的一代，从小在宠爱中长大，心中只有自我，没有他人，凡事只希望满足自己的欲望，恨不得让地球都围着他的意愿转。这种人格上有缺陷的人多了，将危害社会。这种状况如果不改变，对家庭不好，对家族不好，对整个社会的发展会产生不良影响。他们觉得应当搞一个弘扬孝道的活动，让年轻人懂得感恩，孝敬父母和师长。

我听了他们的话笑道，这些年，我一直在等一个机会，看来今天等到了。我吩咐身边的徒弟恒勤：“你带他们去地藏殿看看，那里藏着我的心愿，他们一看就明白了。”

恒勤问：“师父，你那心愿藏在地藏殿的什么地方，你说清楚，我们也好找一些。”

“你只管带他们去，一进大殿就看到了。”

但是小徒弟并不能领会我的意思，他进了殿，还一脸迷惑地猜我的心愿藏在哪儿呢。

到底是冯振德见多识广，他四下看了一圈，对恒勤说，“小师傅，不用找了，我们已经找到了。”原来，殿里的墙上画着二十四孝图呢。

能从壁画上看出我的心愿，这就算知己了。我们经过反复商议，决定由法王寺出资、出场地，举办一个全国性的颁奖活动——全国十佳孝贤评奖活动。

那年的中秋节，“全国十佳孝贤评奖活动”如期在法王寺举行。参加的人员除了我们评选的十佳孝贤、嘉宾和媒体记者外，还有闻讯而来的 200 多位香客和群众。我代表法王寺致了开幕词之后，十佳孝贤一一上台介绍自己孝敬父母的故事。其中有位来自河北的孝贤江秋生，他在风雪之夜骑车给重病的母亲请医生，不慎摔断了腿，他爬了三个多小时赶到县医院，叫来救护车，救了母亲。入院后，他与母亲住在一个病房，拄拐照顾母亲吃喝拉撒，导致活动过多，断骨发生错位、发炎，但他一直坚持到母亲病愈出院才做了第二次接骨手术。

江秋生的故事让我想起了我娘带我到嵩山的破庙里修行的往事。不同的是我不能行走，而娘舍了命照顾我。想到娘为了我这个病残的儿子，一天福也没有享就撒手西去，我不禁泪流满襟。看看台下，听众们也都是泪眼婆娑。我想，眼泪是人间最珍贵的赠予，就凭这些感恩的泪水，我们这个活动一定要搞下去，让它风行中国，让孝行天下。

2014 年，在十佳孝贤评奖活动十周年的时候，我们把它扩展为国际孝贤节，活动人数从最初的二百多人扩展到数千人。2018 年 10 月 11 日上午，这一届的全国十佳孝贤、与会代表、各级官员和一万多名塔沟武校的学生一起迎着的阳光，高声齐诵《弟子规》：

弟子规，圣人训。首孝悌，次谨信。

泛爱众，而亲仁。有余力，则学文。

父母呼，应勿缓。父母命，行勿懒。

父母教，须敬听。父母责，须顺承。

……

亲爱我，孝何难。亲憎我，孝方贤。

亲有过，谏使更。怡吾色，柔吾声。

谏不入，悦复谏。号泣随，挞无怨。

亲有疾，药先尝。昼夜侍，不离床。

……

这是一个壮观的场面，是中国孝文化强势回归的特写，在场的人无不动容，感慨万千。

我们的全国十佳孝贤评奖活动已经办了 15 届，登封国际孝贤节也办了 5 届，这个活动已经成为地方政府、媒体和群众广泛参与，有影响力的孝贤表彰活动，先后评选出 175 位孝贤，其中有华裔韩国人、韩国颍阳千氏宗亲会会长千成浩，美籍中国永久居民、厦门大学管理学教授潘维廉，美国汉学家、“汉字叔叔”斯睿德，美籍华人、北京陆玖文化公司董事长李昀轩，加拿大汉学家、语言学家司徒祥文等“国际孝贤之星”7 位。

这十五年，对于我和刘宝山、冯振德这三个老伙计来说，很不容易。我们都已进入古稀之年，身体精力大不如前，但是，心愿就是一种力量，就是一团火焰，活一天，我们就必须坚持一天。

这是一种坚守。法王寺十五年来主办孝贤评选，僧人与义工无偿服务，投入资金近千万元，协助有关人员完成遍访中国孝贤的采访，组织会议以及保障参会人员的车辆、食宿、路费，每件事都非常繁琐，都不能有失误。这一切都不容易。

这又是一种丰收。175 位孝贤就是 175 颗孝心的种子，把孝道播撒到中原，播撒到全国，开枝散叶。“先王之教，莫荣于孝”“孝子之至，莫大乎尊亲”传统孝道的回归，是上苍奖励给我们的最丰硕的果实。每当看到孝贤们手捧奖牌在众人的簇拥下灿烂微笑时，我感觉仿佛有无数鲜花从天而降。天下的孝子是我们最宝贵的财富，我们希望为天下苍生尽一份孝心。

我看到，远处的马庄古槐亭亭如盖，苍翠如画，更远处的嵩山群峰氤氲成雾，葱郁垂阴。

附录一

登封马庄村尚氏家族世系图表

（自明朝洪武年间迁至登封马庄共十六世）

始祖名木　二子：广、**才**

二世祖　广，迁湖北；**才**　三子：大官、大贤、**大成**

三世祖　大官（从军辽东）、大贤（从军辽东）

大成　四子：**君平**、君治、君怀、君阳

四世祖　**君平**　五子：**起林**、起标、起彬、起沛、起枢

君治　三子：起明、起元、起魁

君怀　三子：起龙、起凤、起泰

君阳　二子：起昌、起印

五世祖　**起林**　二子：志、**宗**

六世　志　二子：世祥、世瑞；**宗**　三子：世德、**世成**、世模

七世　世祥：庭念（迁出）

世瑞（无）

世德：淑锦（迁出）

世成　五子：淑行、**淑景**、淑亭、淑旺、淑祥

世模　三子：淑重、淑喜、淑三

八世　庭念（迁出）

淑锦（迁出）

淑行　三子：大安、二安、妮

淑景　六子：文灿、文广、文篇、文正、**文武**、文恭

九世　**文武：水泉**

十世　**水泉**　三子：名登、**登科**、登魁

十一世　名登　三子：德治、群治、保治

登科：根有

登魁：根治

十二世　德治　二子：纯俭、建功

群治：松军（承）

保治：中州

根有：连福

根治：振宽、文善

十三世　纯俭：艮权、松军、丙振

建功：胜利

中州：淞阳、淞杰

连福：松霞、红霞、松枝、铁道

振宽：战标、洪标

文善：江涛

十四世　艮权：祥谦、朝辉

松军：旭辉、倩倩

丙振：晓辉

胜利：春艳

淞阳：润一

淞杰：昊辰

铁道：乘一

战标：莹磊、琰博

洪标：晓雷、俊雷

江涛：瑄栋、瑄晋

十五世（略）

十六世（略）

注：马庄尚氏五世祖后，因族人众多，只能择要列表。图中加黑字体者为尚连福（延佛）支系。

附录二

历届全国十佳孝贤及国际孝贤之星名录

（中国嵩山国际孝文化节、全国十佳孝贤颁奖大会组委会评选）

第一届全国十佳孝贤（2004 年）

许天文，福建省石狮市市民。考究诸先祖名字，收集幸存于晋江、南安等地祖坟墓碑上的信息，撰写家谱和墓志铭。编写《西花协成房可立家庭谱牒》《西花许族简史》。长年捐资助贫助学，后又捐了 14200 元兴建祖庙，被评为“泉州市文明市民”。

朱明强，北京市大兴区旧宫镇原副镇长。在公务繁忙之际，为爷爷奶奶养老送终，在岳父患老年痴呆后细心照料，每周都回家为其刮脸、穿衣，与其聊天、下棋。多次自掏腰包救助困难老人，长年下乡看望五保户，成为当地敬老爱老的榜样。

郝思新，山东省鱼台县人。在父亲罹患癌症后，放下工作，陪伴父亲了却到北京游览天安门、故宫、长城的心愿。在父亲去世后，每个周末都从 200 公里外赶回母亲身边，照料母亲生活，陪母亲吃饭、聊天。

张厚莲，山东省滕州市人。一家 9 口，丈夫在外工作，上有 83 岁的祖母和公公婆婆，下有读书的儿子，还有三亩耕地，一切家务、农活都由厚莲承担。她敬老爱幼，孝顺贤惠，邻里间从未红过脸。她还学习制作早点的手艺，每天五更起床干活，把收入补贴家用，被滕州市评为“好媳妇”。

张四清，山西省陵川县张庄村人。照料重病在身的父亲十年，操持一个年收入不足 4000 元的五口之家，节衣缩食为父亲买了一台彩电，让老人排遣寂寞。父亲大小便都解在屋里，张四清不嫌脏臭，每天清理。

江秋生，河北省大名县城关镇人。父亲中风偏瘫后，协调三兄弟轮流照顾父亲十年。后大哥办的加工店倒闭，欠款 2 万余元，大哥躲债，大嫂不辞而别。江秋生替哥还债，照料侄女，在当地传为佳话。

马同贵，河南省伊川县江左乡马村人。为人忠厚，母亲瘫痪十余年，他与妻子一起尽力照顾老人，每天推老人出门散心。为给母亲治病，倾尽所有。母亲因病痛折磨丧失生活的信心，他召集兄弟姐妹一起回顾母亲的养育之恩，轮流陪母亲吃饭、拉家常，把每家的小家务挑一些让母亲做，让母亲感觉自己是一个有用的人。

许定启，云南省石屏县太岳村人。其父 92 岁高龄，是抗日老兵，妻子因家庭变故得了抑郁症。许定启自己承包了十余亩土地种植水稻、蔬菜，里里外外忙个不停，同时还照顾父亲和妻子。1999 年，许定启与弟弟一起捐资 5 万余元修缮祖庙、迁建祖茔，受到村民好评。

安海炎，河南省登封市人。他是一名技术工人，成家立业后，带着从未出过远门的父母到武当山、普陀山、灵隐寺、明山寺等地旅游。在母亲患心梗住院期间，他停了生意专职伺候母亲。

国际孝贤之星

许崇鸿，新加坡人，祖籍广东潮安。侍奉老母二十年如一日，在母亲重病时倾尽家财为母亲治病，并遵从母训，恪守承诺，将家产留给弟弟，兄弟之间情同手足。

第二届全国十佳孝贤（2005 年）

刘宝山，河南登封市人，少林寺塔沟武术学校董事长。8 岁父亲去世，由母亲拉扯长大。13 岁为补贴家用进山烧炭，与母亲一同侍奉病瘫的爷爷。无论是当乡长还是当校长，刘宝山的工资收入总是如数交给母亲，这个习惯持续了整整五十年。2000 年，99 岁的老母亲一病不起，年已古稀的刘宝山日夜陪伴，白天端药喂食，晚上为母亲暖脚，直到母亲去世。刘宝山德高望重，成为当地孝贤楷模。

张尚昀，河南省许昌市襄城县人。2000 年，18 岁的张尚昀刚考上长春税务学院，母亲摔伤后脑，生活不能自理，他申请休学一年，外出打工挣钱为母亲治病。2002 年，张尚昀背着母亲前往长春继续学业，边学习，边打工，边照料母亲。登封法王寺释延佛方丈得知此事，将其母接往敬老院。时任河南省委书记徐光春赞扬张尚昀是当代孝子。

方卫国，安徽省歙县人。16 岁因父亲早殁，毅然放弃学业到山沟小学执教，换取 300 斤大米度过灾荒。20 世纪 60 年代，因兄辞世，又负担兄长的四个子女生活，他与村里人上山烧炭，夫妻二人肩挑数十里山路去城镇售卖，养家糊口。他还以个人捐资募资的方式为家乡修建石桥 3 座，在家乡小学设立奖学金，奖励品学兼优的学生，其事迹被多家媒体报道。

刘伟，山东省聊城市人，法学博士，乒乓国手，曾 7 次获得世界冠军。1999 年至 2003 年就读于北京大学法学院，后任北大方正乒乓球俱乐部总经理兼总教练。孝敬父母，对社会充满爱心。在北京大学读书期间，在得知河南省范县的一位学子与弟弟一起考上大学，家庭却负担不起的困难后，他坚持资助了这对兄弟四年的学费，直到他们大学毕业。

许文华，福建省石狮市人，耳科医师。兄弟 5 人，4 位旅居台湾。半个世纪以来，他代兄尽孝。父亲重病时，他骑车往返 60 公里去探望；父亲出院后，他每隔三天骑车为父取药，不惧烈日和风雨。父逝母瘫，许文华一人照顾八年之久。乡人称：五男四远，一儿奉老；奉祀之事，由其负责。自先父辞世，遵其遗命，祭祀先祖，不敢稍懈；海峡两岸，传为佳话。

许金龙，福建省金门县人。自 1991 年起，致力于两岸交流活动，组团到大陆交流 54 次，人员达 1600 名之多，协助两岸失散同胞寻亲，协助 154 位同胞家庭团圆。获“第二届全国道德模范”“感动中国十大爱心大使”等称号。

郭应华，江西省赣县人。为祖传中医骨科第四代传人，行医济世，乐善好施。父亲早逝后，与母亲一起照料 90 岁高龄的曾祖父，负担弟妹上学读书，成家立业。如今侍奉 80 多岁的老母，有求必应。他热心公益，修路、修桥、建学校，捐款 20 多次，是当地有名的孝子。

许保法，云南省石屏县太岳村人。他精心奉养祖母和母亲，全家 15 个儿孙及其家庭对老一辈非常孝顺，受到村民称赞。全家为教育和公益事业捐款达 17.2 万余元，被州党委、政府授予"老有所为先进个人"称号。

谢美芬，香港特区人。18 岁时父亲去世，她成为家中顶梁柱，照料母亲和两个未成年的妹妹。母亲患癌症后，她在生活窘迫的情况下，每天背着母亲爬三层楼去诊疗。母亲住进养老院后，她每天工作之余必去探望，二十多年如一日，为儿孙做出了榜样。

吴王祺、邓丽玲，台湾省台北市人。伉俪二人全力侍奉两家老人。丽玲的父亲中风后，吴王祺与妻子一起住在岳父家，还让妻子辞去报酬优厚的工作，专职照顾达五年之久。吴王祺被派到大陆工作后，丽玲每周都会去探望，家庭安祥和乐，事业如日中天。

第三届全国十佳孝贤（2006 年）

牛志远，河南省襄城县人。从 1978 年铸造铜像开始，二十多年里攒下 40 万元，自办"阳光福利院"，收养了 39 名孤儿，这些孤儿中走出了 21 名大学生，其中一人考入北京大学。多年来，牛志远为了福利院的孩子倾尽所有，引发社会关注，襄城县筹资 980 万元资助全县因贫困而上不起大学和高中的学子。牛志远入选 2006 年"感动中国"候选人。

许广平，河南省孟津县人，乡村民办教师。他与妻子一起护理卧床八年之久的老母亲，之后又护理骨髓坏死卧床的岳母，夫妻多次被评为“孝顺儿子”“孝顺儿媳”。他捐助修建许氏宗祠，为《许氏通书》《许氏名人录》《马屯许氏人物志》提供稿件，其善举载入许氏族谱。

马福元，重庆市南川区沿塘乡人。生下时被母亲抛弃，12 岁时父亲去世，与爷爷相依为命。2005 年，马福元面临高考，为照顾年逾八旬的爷爷，他在城里租了一间民房，边照顾爷爷边学习，冬夜里还为爷爷暖被窝。2006 年以优异成绩考入重庆交通大学，被共青团中央授予“三好学生”“优秀共青团员”称号。

马金莲，山西省孝义市人。1998 年嫁入贫困之家，五弟考入大学后，因患甲肝休学，她东拼西凑 3 万余元，给弟弟治好病，送回大学。她兼职两份工作，资助大哥学习电脑技术，办起了培训班，凑齐了四弟结婚的费用，照顾多病的婆婆，当地夸她是个能干的好媳妇。

许水撰、邵茶花，福建厦门同安区五峰村人。1982 年在改革开放大潮中，夫妻承包了一家乡镇企业，苦心经营。致富后，许水撰拿出 80 余万元开山种果树，与家乡合资办饮料厂，增加村民收入。捐资 300 万元资助家乡特困生，设立“许水撰教育奖励基金”，奖励品学兼优的学生和优秀教师。被评为“省五好文明家庭”“省市文明市民标兵”。

张志华，山东省荷泽市人。曾任市粮食局党组书记、局长，粮油集团公司党委书记、总经理。以孝为先，孝敬父母，在单位对老干部关怀备至，倡议集团筹集 200 万元作为离退休干部风险金，用于老干部体检和医疗。集团还投资 30 万元，帮助军烈属、五保户，改善农村办学条件。

许渊如，四川省富顺县赵化镇人。他早年参加抗日战争，曾指挥部队击落日机一架。1945 年抗战胜利后回乡任教。1981 年当选为平昌县政协委员，平昌县黄埔同学会联络组组长。平昌县老年大学校长，台胞、台属联谊会常务副会长，为维护当地老年人的权益做出了贡献。2005 年参加国庆大典，被授予纪念抗日战争胜利 60 周年金质勋章。

王国防，江苏省泗阳县人，在甘肃省天水市焦化厂工作。他的父母均患有高血压、糖尿病和老年痴呆，于 2000 年先后瘫痪在床。王国防与妻子将二老接到天水共同生活。伺候两位瘫痪病人，劳动强度可想而知，但他们从不抱怨。

关秀玲，广东省广州市人。关秀玲在广州当学徒工时，每月仅有工资 28 元，她会把 18 元交给母亲补贴家用。移居香港后，她常年奔波于两地，白天在香港上班，晚上回广州照顾父亲。她担任香港油尖旺区议会议员等职务，是有名的社会公益人士。她居住的柯士甸大厦原来是区内十大“黑点大厦”之一，她当选大厦业主立法团主席后，让这座大厦成为区内“冠军大厦”。

陈清金，台湾省台中县人，企业家。2000 年，他获董事会同意，在江苏昆山市创建九豪精密（昆山）有限公司，投资总额达 4700 万美元，为 300 多人提供了就业机会，增加了当地税收。陈清鑫热心公益，除每年向慈善机构捐款外，还组织附近台资企业开展“万人爱心园游会”，所得善款全部捐赠给昆山市，被昆山市政府授予“荣誉市民”称号。

第四届全国十佳孝贤（2007 年）

谢延信，原名刘延信，河南省滑县人。1973 年与同村姑娘谢兰娥结婚，翌年育一女，女儿刚满月，妻子患病去世，刘延信跪在岳父母前说：“爹娘，从今以后，我就叫谢延信，是你们的亲儿子。”他担负起照顾全家的重任，为岳父养老送终，帮住院的岳母洗头洗脚，对呆傻的内弟没有半句呵斥。他一件衬衣穿十年，一双塑料凉鞋穿六年，为了省钱，看望自己的母亲都是骑自行车跑几十里路。先后荣获“全国五一劳动奖章”“全国十大孝老爱亲道德模范”等荣誉。

王华俊、王桂香伉俪，河南省登封市人。牢记“养育之恩涌泉报，行孝及时莫要等”的古训，侍母至孝。老母 31 岁守寡，靠种地、织布供养两个儿子读书，全部培养成国家干部。为让母亲安度晚年，王华俊和妻子把老人接到身边照料。在夫妻二人和孙辈的精心照顾下，老人虽已 101 岁，仍思维清晰，生活喜乐，四世同堂，誉满邻里。

许来渠，河南省焦作市人，河北大学副教授、作家。1959 年开始发表作品。1994 年加入中国作家协会，1997 年被河北省文联授予“省优秀民间文艺家”称号。许来渠出生的第二天，生母去世，他由继母连新爱一手带大。父亲去世后，他把继母接到身边照顾，直到继母去世。

马润果，山西省孝义市桥南村人。他出身贫寒，心地善良，在妻子去世后，独自侍奉93岁的岳母，嘘寒问暖，如对生母一般。同时，还努力挣钱养家，让岳母能吃到可口的饭菜和点心。

涂元晞，福建省莆田市人。1985年至2001年，他在南京、开封等地办了两所外语寄宿学校，培养了20多万名外语经贸人才。办学二十多年，对贫困生、残障人士和下岗工人减免学费。30岁的张福龙课余靠拣垃圾为生，涂元晞知道后，免了他的学费，还退还了他之前交的钱。小学毕业的萍萍因经济原因失学，欲寻短见，他立即宣布破格录取，免除初中阶段的全部费用。学校被教育部评为“全国诚信招生示范学校”。

胡民生，安徽省歙县人。他生于医学世家，从10岁起就陪伴父亲翻山越岭夜诊。农村实行合作医疗后，他为照顾父亲，辞去乡卫生院的工作，回到村里当乡村医生。不论是盛夏隆冬，还是白天夜晚，有请必到，有远道而来的病人，他还免费提供膳食，而且从不收取挂号费和诊费。被卫生部授予全国“农村先进医生”称号。

许育生，福建省石狮人。他幼年家贫，高中辍学，19岁时父亲病逝，33岁时母亲病逝，他把孝敬父母的心愿用于回报社会。他1992年创业，公司是当地知名企业，他捐资60余万元建立“后花育生教育慈善基金会”，帮助家庭贫困的学生，还把6万余元的工资全部捐给考上大学交不起学费的学生。

释了果，俗姓何，湖南省岳阳市人。济世度人，帮助他人解除病痛。他结合瑜珈、中草药薰蒸、食疗、药疗等方法，每年治愈近千人。他还开办多期“安心、孝心、慈善学习班”，帮助事业低谷期的企业家，启发他们提高心理素质，感恩社会，孝敬父母，报效国家。

林文敏，台湾省花莲县人。1981 年，林文敏的父亲突发脑溢血，他守护在父亲身边一百多个日夜。父亲的命保住了，家里的积蓄花光了，林文敏只能到免费的台塑企业专科学校就读。毕业数年后他到大陆创业，任职宗阳工程（昆山）有限公司副总经理，从事大功率节能节电产品的开发应用，大大缓解了当地电力紧张的状况。为了造福家乡，他引进的进口节能产品从不加任何利润。同时，他每周至少打一次电话问候父母，逢年过节一定回到父母身边，被誉为崇孝重义的行业专家。

蔡素玉，福建省晋江市人，香港立法会议员，香港东区区议员，第十三届全国人大代表。蔡素玉出身于一个传统知识分子家庭，对父母孝顺备至，在繁忙的公务之余，陪伴父母游历了半个世界。她的全部收入都交给母亲，由母亲支配。给社会公益事业的捐赠一律以父母的名义，给华侨大学及家乡的捐款，也只有她父母的名字。

第五届全国十佳孝贤（2008 年）

王月香，河南省温县人。她 14 岁时因奶奶瘫痪，父母远在陕西打工，只好辍学照顾奶奶。嫁到邻村后，她两头奔波，担起了照顾两个家的重担：一边是古稀之年的奶奶，一边是婆婆和丈夫痴呆的哥哥。每天天不亮，她就起床照顾婆婆和大伯哥，再下地干活，干完活，一溜小跑到奶奶家做饭、洗涮，天黑时赶回婆家做饭，来回奔波 20 里路。直到生大女儿的前一天晚上，她还赶回娘家张罗奶奶的吃住。后丈夫因病成了植物人，为防止丈夫肌肉萎缩，她用围巾把丈夫绑在腰间来回走动，天天用榨汁机打碎食物喂丈夫，被评为“焦作市优秀母亲”“感动温县十大人物”。

焦青民，河南省洛宁县人，在郑州工作。她的孝悌之爱感人至深，照顾全瘫的弟弟四十六年。为给弟弟治病，家中一贫如洗，丈夫因无法忍受这种压力而离婚。弟弟治病需要输血，她让医生输她的血。弟弟为报答姐姐无私的爱，两人一起到河南省红十字会签下了无偿捐献遗体的申请。

蔡清龙，福建省金门县人。他 3 岁丧母，由父亲抚养成人，后从事教育工作，培育数千名优秀学生。7 位子女均学有所成。退休后从事慈善事业，为当地慈善机构捐款 125 万新台币。赞助金门红十字会、爱心基金会 12 万新台币。2008 年汶川发生特大地震，他组织社会团体及个人捐款 150 多万新台币，同胞情义，血浓于水。

李明素，重庆市沙坪坝区教师。1995 年 2 月 12 日早晨，学校教室房梁垮塌一半，李明素冲进去抱住两个最小的孩子，引导 7 名学生逃生，避免了惨祸发生。2007 年，她在家乡遭遇特大洪灾时，奋不顾身成功救助 32 名被洪水围困的群众，受到前来视察的胡锦涛总书记的赞扬。被评为“全国助人为乐道德模范”。

马桂兰，山西省孝义市高阳镇善吉村人。丈夫前妻重病多年去世，留下 5 个孩子，其中一个弱智，一个小儿麻痹。马桂兰嫁入夫家后，把这 5 个孩子全部拉扯大，还用民间土方把女儿的小儿麻痹治好。婆婆和丈夫同患脑血栓卧床十余年，她悉心照顾，直至二人去世。她婚后育有二子，与前妻的孩子相处融洽，互敬互爱。

王海梅，山西省孝义市人民医院医生。在丈夫被确认罹患脑瘤后，坚强面对，筹集近20万元手术费用。手术后丈夫生活不能自理，王海梅除每天的正常护理外，还为丈夫按摩、针灸、进行康复训练，坚持五年终见成效，如今丈夫已重返工作岗位。人们称赞王海梅的忠贞。

向倩，四川省什邡市龙居中心小学教师。2008年5月12日，汶川特大地震发生时，向倩正在上课，她立即组织学生有序地撤离三楼。当她跑到教室门口时，发现3个受惊的学生没有跑出来，立刻返回去救。此时，教学楼轰然垮塌，向倩与学生被压在废墟中，当救援人员发现她时，只见她俯身紧紧地护着3个孩子。她用如花的生命，铸造了永恒的师魂。

许立鹏，云南省石屏县异龙镇太岳村人。生活在一个15口人的大家庭里，他为了照顾年迈的父母，放弃外出工作机会，留在县城打工。有了收入后，先为父母改建居室，多次陪老人出国旅游。他每年春节都和兄弟们一起给村里80岁以上的老人拜年，还捐资9.2万元给当地建中小学。被评为“中华孝亲敬老之星”。

曾盛明，台湾人。1996年奉派到宁波市镇海区金丰公司工作，他心存善念，每年向慈善机构捐款。2007年，他发起成立金丰小水滴爱心社，募得人民币近15万元，用于当地受灾、失学和急难急病救助。

国际孝贤之星

千泰浩，韩国人，河南省焦作市东光工艺品有限公司总经理。他的爷爷告诉他，韩国的千姓是从河南登封颍阳过来的，先祖千万里在明朝抗倭时来到朝鲜，功高封王，留居韩国。2005 年千泰浩在颍阳玄都观保存的石碑上找到了千万里将军的名字，确认祖地，勒石以记之。他为报恩，在这里建立工厂，为当地创收。

第六届全国十佳孝贤（2009 年）

张田，山东省邹城县人，香港企业家。他事业成功后，主要做慈善。累计为西部扶贫捐赠了 7000 多万元人民币。在四川、贵州、广西、云南等地建立希望小学 35 所。汶川地震后，他通过联合国官员向灾区捐款 1 万美元，通过中国红十字会捐款 50 万元人民币。被中华慈善总会评为“中华慈善家”，2007 年获得全国网络评选的年度“十大中华公益人物”。

吴新芬，河南省禹州市教育局干部。1995 年，她与在西藏服役的王俊景建立恋爱关系，1997 年王俊景执行任务时被高压电击中失去双臂，吴新芬赶去成都军区总医院照顾，帮助四次病危、七次植皮的王俊景康复，2002 年两人结婚。婚后，因为王俊景家庭条件差，有一个脑瘫的哥哥，他们生活拮据，为增加收入，她捡垃圾、收废品，承包了十亩山地种树养羊。她被授予“全国五一劳动奖章”，当选“爱国援军模范”。

马吉相，重庆市南川区道南中学教师。他的家庭生活拮据，上有瘫痪在床的老父和古稀之年的老母，下有没娘的一对儿女，儿子 5 岁时还得了慢性白血病。他靠着一颗孝心，省吃俭用，维持着风雨飘摇的家。2009 年，他被评为重庆南川区“十大孝星”。

李顺亚，河南省登封市大金店镇金西村人。她在 1 岁时母亲离家出走，6 岁时父亲偏瘫，爷爷患气管炎、心脏病。李顺亚早起为全家做完早饭再去上学，一路上还要拣拾废品。放学回家，做饭洗衣后，才能写作业。初中时父亲病故，她辍学侍候爷爷。爷爷有痰吐不出来，她只好用嘴去吸，多次救了爷爷的命。汶川地震时，她还把拣废品挣来的 55 元钱捐给灾区。

黄亚新，福建省首莆田市人，在兰州创业，经营建材。致富后，他捐资 25 万元为村子修了一条水泥路，捐资 25 万元为兰州西固区安装一公里路灯，捐资 25 万元为皋兰县修建了一所小学，还资助 12 名贫困生的上学，直到他们大学毕业。

王海燕，山西省孝义市大孝堡村人。嫁入婆家后，她办起理发店和婚纱影楼，补贴家用。公公手术需要押金，她骑车回娘家借钱时摔伤头部，简单包扎后赶赴医院，及时让公公做了手术。她让两个小叔子有了上大学的学费，让小姑子学会了理发美容。她还为 70 岁以上的老人免费照相，被孝义市评为首届“十佳孝亲敬老好儿女”。

王乾旭，河南省固始县胡族铺镇人，任北京祥合永泰新科技有限公司董事长，河南祥合房地产发展有限公司董事长。他艰苦创业，成长为一名成功的企业家。他热爱家乡，积极捐款做慈善，尽力改善家乡的状况。他捐款 100 万元，为家乡修建了 7.2 公里的水泥路；捐款 40 万元在四里村建希望小学，解决近 300 名适龄儿童上学问题。2009 年，他在为家乡捐款210多万元的基础上，又捐助60万元帮助贫困大学生完成学业。

张雯茵，山西省孝义市通吉利达汽车修理有限公司总经理。十几年来，她收留了多名孤儿、流浪儿童和问题少年，倾心教育，使问题少年变成了阳光少年。这些孩子有的学成手艺回家创业，有的进了当地工厂，有的成为她事业上的得力助手。张雯茵被评为“2007 年孝义市女性年度人物”，2010 年当选为市政协委员。

王景春，北京市顺义区人。他自幼家境贫寒，母亲辛苦养育他们四个兄弟成人。王景春作为长子，努力为母分忧，做家务，拣煤核，照顾弟弟。退休后，他每月把工资的一半交给母亲，让母亲过得舒心。

李信华、翁素銮夫妇，台湾省桃园县人。父亲是贫苦渔民，英年早逝，李信华半工半读才完成学业。结婚后，他与妻子将母亲接来一起生活。三十四年过去，在李信华夫妇的照顾下，母亲生活无忧，十分满意。2003 年李信华在大陆投资建厂，翁素銮负责照料婆婆和家庭，十分辛苦却甘之如饴。从 2005 年起，夫妇连年捐助十佳孝贤公益事业。

梁鹏威，香港特区人。事母至孝。他曾赴英国学习太空物理，但因母亲思念，遂回港改学会计。母亲年老，大小便经常弄脏衣裤被褥，保姆因此辞职，为留住保姆，他让其把弄脏的衣物留下由自己洗涤。他认为，年老的父母是上天的恩赐，只有在父母的陪伴下，自己才能保持内心的宁静。母亲去世，他写出《天使的左翼》一书纪念。

第七届全国十佳孝贤（2010年）

娄德平，江苏省邳州人，著名书法家、中国美术家协会荣誉理事。他曾多次参与希望工程、“98抗洪”赈灾、北京申奥募捐义卖活动以及台湾慈济公德会组织的义卖活动。娄德平还鼓励子女做公益，他的大女儿把1000多万元捐给教育部，作为社会困难儿童教育基金。

马术芹，黑龙江省建三江市人。她于27岁就成为当地学校校长，在生活中孝敬母亲，照顾患癌症的公公，是有名的孝女。后义务开办传统文化学习班，在各大城市讲《黄帝内经》《道德经》《弟子规》。她说，小孝治家，大孝治国，有孝道文化为基础，许多家庭问题都会迎刃而解。

姜成田，辽宁省海城市人，海城地震观测站工作人员。1974年12月，他提前一个多月预测海城将会发生大地震。1975年2月4日清晨5时，他再次准确预报海城大地震，从而使10余万人幸免于难。被称为当地人民的福星、家乡父老的保护神。

原新河，河南省汤阴县宜沟镇吴指挥营人。他自幼敬老孝亲。1999年，原新河投资2万多元，在家中办起了老年活动中心，给附近3个村庄的196位老年人和23位残障人提供活动娱乐场所。到2009年，原新河累计为这些老年人送年货、送日用品达30万元以上。他的事迹被各大媒体报道，2014年被评为全国劳动模范。

于荣阳，河南省登封市颍阳镇人。在他 6 岁那年，他的爸爸在煤矿被砸断了脊椎，造成腰以下瘫痪。不堪重负的妈妈抛夫弃子，远嫁他乡。从此，于荣阳在坚持上学的同时，全力服侍爸爸。早上，他帮爸爸换尿垫、擦拭身体、做早饭。中午，他赶回家伺候爸爸吃午饭。2008 年 7 月，小荣阳以全班第一的成绩考上了颍阳初中。他在学校附近租房子住，带着爸爸去上学。2010 年，他出席了中国少先队第六次代表大会。

付振英，山东省沾化县滨海镇河北村人。她心地善良，看到同村的郭士俊老两口无儿无女，年过七旬还在地里干活，心中不忍，便长年照顾这对非亲非故的老人。春荒时，她把自家的几斤白面和两只老母鸡送给老人，老人十分感动。1997 年，她把两位老人接到了自己家住，让老人尽享天伦之乐。2010 年，她被评为滨州市十大孝星。

吕笃卿，福建省厦门市人，企业家。他出生于农民家庭，11 岁父亲病故，与母亲一起承担了全家的生活重担。初中毕业后开始创业，致富后不忘回报乡里。他的企业全部招收本村村民，村里孤寡老人、特困户遇到困难，他都帮助解决，他先后向社会公益组织捐赠 30 余万元。他还带头捐款修缮明代祖墓五座和祖祠，以方便海外侨胞寻根谒祖。

卢德勇，福建省漳州市人，福建省九龙兴隆进出口有限公司负责人，中国卢氏企业家联合会会长。他致力于石雕艺术，通过石雕文化连接韩国和中国港澳台地区的宗亲，推动中国传统文化的传播。韩国前总统卢泰愚和前总统卢武铉夫人权良淑都与联合会建立了联系。卢德勇多年来一直给当地红十字会和慈善组织捐款，帮助他人。

林美田，广东省陆丰市人。2002 年，他有缘接触《弟子规》，从给父母洗脚开始践行孝道。在母亲生病期间，他每天煎药、煮饭、为母亲洗澡，陪在母亲身边等母亲入睡后才休息。林美田的企业比较成功，为宣传孝道，他组织印刷了 30 万册《弟子规》，免费发放，还深入学校和工厂，讲解《弟子规》。

康彰琪，台湾省台北市人。孝敬父母，至爱同仁。父母在 20 世纪 70 年代创办了一家公司，后父亲中风偏瘫，康彰琪只要在家，就会帮父亲洗澡，父子间的许多话就在这小小的空间里交流。父亲亡故后，经母亲同意，康彰琪只身前往大陆另辟市场。他与员工努力经营，支持他们买房置产，受到大陆员工的好评。

第八届全国十佳孝贤（2011 年）

耿红霞，河南省洛阳市人，中国书法美术家协会员、河南省书法家协会会员、洛阳小石林印社常务副社长、九鼎书画院常务副院长。她的作品多次刊登在国内外知名报刊上。1986 年，她的母亲因脑梗瘫痪，她坚持照料母亲二十八年。她还为癌症患者募捐 6 万余元。被评为洛阳十大孝子。

马家祥，河南省安阳县白璧镇东北务村人。他于 2003 年在安阳市创办民间医院，事业刚有起色时父亲去世，他在百忙之中不忘记孝敬母亲，亲自照料母亲的衣食住行，三次从生死线上把母亲抢救回来。为了满足母亲去天安门看升旗的心愿，他租了商务车带母亲游览天安门广场，还背着母亲登上长城。

田险峰，四川省安岳县人。他自幼家贫，初中毕业自己开小店赚钱后，先给父母盖瓦房改善居住条件。他在从事印刷行业期间，印制了大批弘扬中国传统文化的经典，如《弟子规》《孝经》《道德经》等，其中《弟子规》印刷超过百万册。与此同时，他和员工还经常到孤儿院、养老院、麻疯病院捐款捐物。他还参与了广东省贫困儿童先天性心脏病的救助工作。

王水衷，台湾省台北市人，台北文物学会理事长。他积极促进两岸文化交流，先后为两岸公益事业捐款 60 余次，将珍藏多年的 3 件辛亥革命文物捐赠给武汉文化局，将 5 件汝窑瓷片捐赠给南京博物院，还在两岸多次举办书画联展，为两岸文化的文化交流做出了贡献。

王希海，辽宁省大连市人。1980 年，父亲因脑出血成为植物人，当年 23 岁的王希海不仅放弃了出国工作的机会，还放弃了成家的念头。如今，经过他 26 年的精心照顾，80 岁的老父亲身体状况依然不错。王希海每天要为父亲做五顿流食，用小勺给父亲喂食。父亲喉中有痰，他用胶管给父亲吸痰，多次救下父亲的命。

许成功，贵州省玉屏县人。他有两个母亲，生母张氏，养母杨氏。对待两个母亲，他都孝敬有加。生母一生喜欢喝酒抽烟，他尽量满足。他服侍养母，与养母生活了 48 年。他担任村干部后，带领乡亲致富修路，使人均收入由原来的 200 元提高到 1500 元。他还组织族人修志修谱，完成了武陵许氏族谱的编纂。

许木杰，福建省安溪县人。他曾经是一名烫衣工、街头缝纫摊贩、杂牌衣服的零售工，如今执掌着国内知名服装品牌万杰隆集团。为了提升家乡的运动水平，他出资成立高规格的乒乓球俱乐部，聘请刘国梁、郭跃华等前国手来厦门指导青少年训练，被誉为“关爱员工优秀总经理”“打工者最信赖的十佳雇主”。

张爱国，北京市海淀区人。父母早逝，他独自挑起供养四个弟妹上学的重担，弟、妹毕业，他给他们找工作，操办婚事。他从 20 世纪 90 年代起投身绿化和环保公益事业，联系国际友人和华侨捐款 300 余万元，用于绿化工程，并为云南山区捐建两所小学。

赵家志，江苏省南京市人，画家。自 1992 年从新疆政府部门退休后，投身社会公益事业，经常组织老年艺术家书画义卖活动。2010 年，他结识了维族孤儿阿不都。阿不都从小失去父母，考上了新疆科信学院却无力支付学费。他立刻为阿不都交了学费，还每月给他 300 元的生活费。后来，他认阿不都为孙，祖孙在一起生活，其乐融融。

郭香，山东省无棣县人。她曾经是下岗女工，后办起了消防器材公司和慈善超市。2000 年冬天，一位聋哑老人到她店里买被子，从编织袋中倒出一堆零钱，她顿生怜悯，送了一床被子给老人。从此开始做慈善，资助 6 名贫困学生上学。2008 年，她捐款 10 万元，成立“郭香爱心传递慈善基金”，帮助贫困学生。后又成立义工组织，参与多项大型赈灾活动。

第九届全国十佳孝贤（2012 年）

田秀英，山东省肥城市安临站镇冯杭村人。田秀英的儿子蔡振国 3 岁时被大火烧伤，先后进行 7 次大手术后，命保住了，但四肢重度残疾。田秀英用强力松紧带裹住儿子的双腿，让他练习走路；把笔绑在儿子手上，教他写字。2009 年蔡振国考上北京师范大学教育学院硕士研究生。田秀英还开通了“蔡妈妈”热线，为在生活中遇到挫折的人提供心理援助。

王凯、王锐，黑龙江省兰西县人。兄弟二人为完成父亲遗愿，报答养育之恩，自制 700 斤重“感恩号”人力房车，从 2007 年开始，历时四年，行程一万多公里，走遍全国 30 多个省市自治区，用勇气和毅力诠释了孝道的真谛。

程大海，北京市人，出生于河南。中国新儒学、理学创始人，北宋思想家程颐、程颢第三十四代嫡孙。2010 年，他在郑州成功举办有 9000 人参加的全国最大规模的学习弟子规公益论坛。此后，又在南阳的多所监狱为数千名服刑人员做了多场中国传统文化报告，反响强烈。

张云霞，内蒙古自治区呼和浩特市人。从小家贫，7 岁时母亲病逝，15 岁就外出打工养家。成家后随丈夫来到呼市，35 岁时丈夫患癌症去世，为了替丈夫尽孝，她一直没有改嫁，而是尽最大努力照顾公婆。

王春来，河南省洛阳市人，洛阳监狱一级警督。他照料双双瘫痪的父母十二年，坚持写孝子日记上万篇。他在病床边写作出版了《明天谁去坐牢》等 5 部监狱管理学著作。当选 2008 年“感动洛阳十大人物”。

申东学，河北省秦皇岛市人。2002 年创办私立龙腾学校和光明爱心孤儿院。爱心孤儿院收养的 90 名孤儿都受到了良好的教育，处处都能感受到家的温暖。为了收养更多的孩子，他四年没买过衣服，甚至儿子过生日时也舍不得买张票让孩子看场电影。

刘正刚，辽宁省沈阳市人，东西方艺术家协会中华分会主席。致力于弘扬优秀的中华传统文化，通过开展书画艺术展，定点扶贫等公益活动，传播正能量。在辽宁西丰县开展了“公益视力保健活动”，为学生和教师提供视力检测、配镜及视力保健服务，受到好评。荣获“全国百名道德模范”称号。

吴龙山，福建省金门县人。他经常参加博爱行善活动，每年都会慰问当地的金门籍台胞。十四年来，受他照顾的人达数千人。他协助两岸同胞寻亲，组织台胞参加各种文化活动，如公祭黄帝大典、南音大会唱等，促进两岸文化交流，增进两岸情谊。

陆亚萍，江苏省海门市常乐镇人，高级经济师，江苏亚萍集团公司董事长。她以一把尺子、一把剪刀、一台缝纫机起家，创办了 5000 人的大企业。她在家孝敬父母，在厂以孝治厂，被员工亲切地称为“妈妈”。她向贫困地区、洪涝灾区、希望工程和慈善机构捐款捐物达 4800 多万元。获中国“十大杰出女性”“中国花布大王”“全国三八红旗手”称号。

许国荣，福建省厦门市人，企业家。他热心公益事业，2006 年捐款 115 万元为家乡小学建宿舍楼，并资助 30 多名贫困学生上学，资助资金达 50 余万元。与此同时，他还出资 80 万元，筹集善款 36 万元为家乡建造老年活动中心，出资 36 万元修葺许氏祖地，整理族谱。

第十届全国十佳孝贤、道德模范及提名奖（2013 年）

丁玉梅，黑龙江省宁安县人，七台河新玛特购物广场有限公司总经理。丁玉梅的母亲 84 岁，脑血栓卧床，婆母 90 岁，股骨头骨折致瘫，她把两位老人接到自己身边细心照料，同住一个家，同吃一样饭，同穿一样衣。对夫妻双方的兄弟姐妹一视同仁，尽力照顾。捐资 400 多万元资助孤寡老人和贫困学生。

吕明晰，山东省人，中国老龄事业发展基金会孝文化传播委员会副主任。他曾任山东卫视《天下父母》栏目总导演、制片人、艺术总监。《天下父母》栏目创办八年来，多次受到表扬，成为全国电视媒体的榜样。他连续五年组织举办中国演艺界十大孝子评选活动，引起社会强烈反响。主编了图书《孝道》《学会怎样做父母》《父慈母爱》《大爱无疆》《教子有方》等，有一定的影响力。

吕玲，吉林省永吉县人，圣德泉集团有限公司董事长。他 8 岁编筐编席，织网抓鱼；20 岁参军，把每月 6 元的津贴寄给父母。办起企业后，只要农村的亲属生病住院，他都出钱相助。为社会公益事业捐款上千万元。

任健君，河南省新密市人，中冶全泰（北京）工程科技有限公司董事长。他几十年如一日地孝顺家人，亲自开车送 96 岁的奶奶到省城医院治病。他把员工当亲人，员工的孩子患白血病，他带头捐款 30 多万元。他在郑州大学设立奖学金，资助品学兼优的贫困生。

汪瑞，河南省南阳市人，阿里军分区狮泉河医疗站护士长、陆军上校。1999 年 6 月，她向组织提出上喀喇昆仑山与官兵一起守防，研究高原心理疾病防治。当时，她的儿子才 5 岁，丈夫刚调动工作，一家三口分居三地。她舍小家为大家，被南疆军区表彰为“昆仑卫士”，被新疆维吾尔自治区妇联授予“三八红旗手”荣誉称号。

邵帅，江苏省徐州市人，中央工艺美院附中学生。2009 年，独自在北京打工的母亲得了白血病，急需骨髓移植，却无法找到配型。12 岁的邵帅要求与妈妈配型，捐髓救母。2013 年，中央电视台以《最美孝心少年》为题，报道了他的事迹。

陈斌强，浙江省磐安县人，县实验中学教师。2007 年，陈斌强在乡村学校教书，老母患老年痴呆，无人照料，他只好用布带子把母亲绑在背上，每天骑电动车到 30 公里外的学校教书。八年里他不离不弃，无怨无悔。2013 年，他被评为“感动中国人物”。

曹建忠，江苏省张家港市人，三星净化设备制造有限公司董事长。坚持寻找生母 13 年，找到生母后，17 岁就外出打工，供养母亲。事业有成结婚后，对双方父母恭敬有加。他热心公益事业，近年捐款达千万元。

张益鑫，福建省厦门市同安区人，恒道物流有限公司董事长。8 岁丧母，由父亲一手带大，事父极孝。一次病中的父亲无意说起想吃葡萄，他竟步行几十公里为父亲买了回来。2008 年以来，他捐资 500 余万元，建家乡的老年活动中心，资助贫困学生，为小学建宿舍，救助白血病患者等。他说："生命不息，行孝不止。"

道德模范

牛勇，辽宁省沈阳市人，画家、书法家。他热心慈善事业，积极参与希望工程、残疾人基金会等组织的书画义卖活动，所得善款全部捐赠给弱势群体，获"全国百名杰出贡献爱国人士"称号。

王晓辰，河北省高阳县人，三利集团有限公司党委书记。每年大年三十，都亲自看望本村 90 岁以上老人，送衣物和慰问金。捐款 180 余万元，为本村打井，为村小学购置锅炉，资助 10 余名特困生读完初中、高中和大学。

宋贺臣，河南省新大新材料股份有限公司董事长。他心系社会，不忘人民，捐赠近 300 万元，为玉树地震灾区、西南干旱地区捐款，爱心助学，为下岗职工送温暖。荣获"开封市劳动模范""爱心企业家"称号。

何贵敏，辽宁省葫芦岛市人，兴城南大乡桃源老年公寓院长。她心地善良，让无儿无女的老人、残障和智障老人免费入住，这里听不到"老头”“老太婆”的称呼，只有“老爸老妈”。

李志平，河南省郑州市人，河南省志愿者义工协会会长。他创办“志平爱心热线”，解决几千名下岗职工就业问题，走进 6 万多个家庭帮扶救助，为孩子和家长做心理咨询近万次。获“全国三八红旗手”“中华慈善爱心大使”称号。

张国，河南省安阳市人，安阳忠孝酒业公司董事长。他在家乡投资 200 余万元，建设忠孝苑，为本村中老年人提供休闲服务，举办孝敬文化研讨活动。

许乾阳，重庆市酉阳县人。他当兵转业后，把爷爷接到身边照顾，替父尽孝。后照顾脑出血瘫痪的父母，数十年如一日，受到邻里称赞。

提名奖

戴成红，江苏省仪征市人，仪征义工联合会负责人。他组织结对资助 500 多名贫困学生，助学金额 20 余万元；组织植树 4000 余棵；组织义务献血 6 次。被称为“仪征好人”。

赵新会，河南省社旗县人。他照顾因脑出血成为植物人的母亲整整八年，保证母亲病体干净，室内整洁，空气清新。

王英杰，河南省开封市人。他生活节俭，热心弘扬传统文化，先后投资 300 余万元建立“敦复书院”，邀请全国知名教师，开展孝道宣讲 300 余场，使数万人受益。

潘延运，山东省莒南县人。他孝敬父母，友爱兄弟。16 岁时挑起家庭生活重担。成年后把新房让给弟弟，自己住破旧危房。陪伴 90 多岁老母亲安度晚年。多次向县委建议成立孝道文化协会，已获批准。

郭德才，现居北京市朝阳区。父母和大姐患癌症，大妹患心脏病，外孙女药物过敏，他主动承担 5 位亲人的全部医疗费用。积极帮助家乡修志、修路。

何小珍，河南省邓州市人。20 多年如一日，她侍奉养母如亲生母亲。她出生 7 天被遗弃，由养母金秀华收养，5 岁随养母流浪，以拣破烂、擦皮鞋为生。成年后，她打工养活养母，养母去世前，她在病床前侍奉一千多天，乡亲无不称赞。

模范单位

洛阳慈善职业技术学校。由爱心人士贾国瑞、贾国彪等人出资创办的免费职业技术教育学校，以适龄孤儿、残障人和特困户、低保户、农民工子弟为招生对象，以“培养一个学生，脱贫一个家庭”为目标，目前 300 多名毕业生全部找到了就业岗位。

第十一届全国十佳孝贤及道德模范（2014 年）

宋兆普，河南省汝州市人。河南省汝州市金庚康复医院院长，行医 35 年，义务救助贫困残疾患者 4000 多人。2009 年 5 月，他看到许多脑瘫患儿病程长、看病贵，导致家庭破裂、因病致贫、遗弃患儿等悲剧，毅然发起“关爱脑瘫儿童，实施免费救治”爱心工程，在民政部门的支持下，先后救治 1630 名脑瘫患儿，其中 370 名疗效明显，有 220 名脑瘫孤儿被国外慈善组织或家庭收养。2010 年，医院承接省“白内障扶贫复明工程”，使万余名患者重见光明，并想方设法为这些贫困患者节省费用 1500 余万元，被省残疾人工作委员会评为“创建白内障无障碍先进单位”。宋兆普因扶残助困事迹突出，被授予“河南省劳动模范”“全国基层优秀名中医”“汝州市首届道德模范”等称号。

洪启义，福建省金门县人。他父亲早逝，弟妹众多，生活重担全靠慈母一人承担。洪启义身为长子，努力读书之余，苦练书法，成就斐然。靠这一才能，他扶持弟妹成长，帮助他们成家立业。他在母亲 90 高龄时，日夜侍奉在母亲身边，尽心孝敬，烹制可口饭菜，并手书《父母恩重难报经》为母亲祈祷求福。慈母 93 岁高龄依然健在，邻里传为美谈。

刘付贵，河南省安阳市人。他对母亲和妻子关怀备至，孝名远播。2011 年母亲病重，遵母心愿，携兄妹筹资 48 万元，在村中建成孝道文化广场，建道德讲堂，画二十四孝图于墙壁，立孔子石雕等 5 尊，印《弟子规》4000 册供人阅读。编著《先贤二十四孝图文解读》一书，被安阳社科联评为“社会科学优秀成果”二等奖。

郭永胜，陕西省西安市人，西安华亚电子有限责任公司负责人。成功后他不忘回馈社会，30 多年来，累计捐款 200 多万元，是“万名女大学生创业工程”的发起人、“白内障复明工程”捐助人，身体力行书写“善”字，荣获中央文明办授予的“中国好人”称号。

李学良，黑龙江省七台河市人。从 2005 年至今，在自家生活条件不宽裕的情况下，收养了 3 位无家可归的老人达 9 年之久，与他们相处融洽。

陈玉先，江苏省中昱建设集团董事长。少年时家境贫寒，独自赴昆山创业，改善了父母和兄弟姐妹的生活。因为工作繁忙，他让妻子长年陪伴父母，自己则在周末时赶回家陪同父母。他先后向汶川灾区、家乡城镇改造、乡村道路工程和教育事业捐款 516 万元。

姜岚昕，河南省信阳市人，世华智业投资集团董事长，中国首所免费大学——北京华夏管理学院院长。2001 年，他从 5 个人、80 平方米的公司起步，十年间资产过亿。创办公司以来，累计向社会和公益组织捐赠款物超过 6000 万元。新华社、人民日报、中央电视台、凤凰卫视都报道过他的事迹。

杨佩，陕西省安康市平利县兴隆镇人。9 岁时她被高压电击伤，双臂截肢，被迫辍学。后来，她尝试用脚趾干活、洗衣、做饭、写字、用筷子。为了养活自己，减轻父母的负担，她学会了十字绣，并在上海七浦路摆摊卖绣品。后来通过浙江卫视《中国梦想秀》的舞台，她成功圆梦，在七浦路开了一家小店，作品经常供不应求。

尹杰，辽宁省沈阳市人。她孝敬父母，爱岗敬业，2007 年开始做义工，经常去敬老院打扫卫生，帮忙做饭。2012 年成为专职义工，被该市孝道协会评为“优秀义工”。她帮助吸毒、逃学、离家出走的少年，让他们从叛逆和沉沦的泥潭中走出，回归社会。

赵渭忠，河北省军区原副政委，少将军衔。1992 年退休之后，他多次向希望工程捐款，多年来资助了 1500 多名孩子，援建希望小学 30 多所，全家捐款 120 多万元，筹集到的社会捐款超过 1200 万元，受他的精神感召而支持希望工程的人难以计数。而他和家人却节衣缩食，生活清苦。他的大女儿患尿毒症数十年，十几年前开始依靠血液透析维持生命，一年的医药费要十几万元。赵渭忠默默承担这一切，捐赠从不间断。荣获中华慈善奖。

模范单位

河南省登封市世纪星幼教机构，创建于 1999 年，是河南省民办学前教育十大知名品牌之一。2005 年以来，该机构以“小爱爱亲友，大爱爱天下”的办学理念，开展情系灾区、关注弱势群体、扶残助残、捐资助学为主题的活动，自身捐款和发动社会捐款累计达 200 多万元。

国际孝贤之星

千成浩，韩国人，韩国颍阳千氏宗亲会会长，祖籍河南省登封市颍阳镇。后又曾多次到中国登封寻根，终于找到了先祖千万里（曾在韩国任正二品资献大夫）的故居地。千成浩说，千姓在韩国有近 20 万人，自己虽然生活在韩国，但根永远在这里，以后会经常来中国拜祖。

第十二届全国十佳孝贤及道德模范（2015 年）

王百姓，河南省公安厅高级工程师，三级警监，全国知名排爆专家。他在危险的工作岗位上工作 30 年，排除各类炸弹 15000 多枚，排除爆炸装置和哑炮 1100 多个。在工作之余资助特困户和特困学生。

付海亮，河南省新郑市人，岳庄村党支部书记。他带领全村致富，远赴新疆麦盖提县投资成立新疆枣都土特产开发有限公司，建立了五千亩红枣种植示范园，使全县的红枣种植走向科学、高产之路，为当地带来巨大的经济效益。付海亮以“枣都”系列产品为依托，在全国各地设立 300 多家分支机构和专营店，员工多达 2000 余人，年产值数亿元。本村人人有活干，年均收入过万元，向社会公益事业捐款捐物逾千万元。

朱晓晖，黑龙江省绥芬河市人，2014 年感动中国人物。其父于 2002 年患脑梗瘫痪在床，为了照顾父亲，给父亲治病，她辞掉了工作，卖掉了房子，还欠下一身债，丈夫也带着孩子离开了她。朱晓晖无怨无悔，在社区的车库里与父亲相依为命，一住就是 14 年。老人卧床 14 年没得过褥疮，她才 42 岁却已满头白发。

许谋池，福建省晋江市梧坑村人，世界许氏联谊会会长，香港企业家。年幼时他被养母收养，后以养母名义在家乡捐建道路与设施，投资达百万之多。他荣归故里后，建小学、铺道路、盖大楼，从事孝道文化传播，共捐赠 100 余万元，他用这种方式回报社会。

张爱华，福建省金门县青屿村人。她致力于两岸公益事业，协助台湾同胞到大陆寻根拜祖。2008 年，缅甸华侨、80 多岁的黄灿辉要寻找胞弟黄灿煌，她陪同老人四赴金门、台北，最终兄弟相会，传为佳话。

罗杰，辽宁省沈阳市人。2008 年他发起组建辽宁省国学研究会，立志传播孝道文化，至今已经培养义工上万名。他们深入敬老院和家庭宣讲孝道，定期慰问孤寡老人，为他们洗衣、理发、做饭、送上生活用品，受到广泛好评。

周和贵，河南省洛阳市人。从部队转业后分配到政法委工作，屡破大案，被评为优秀人民警察。退居二线后，他敬老恤贫，每年春节前夕，他都会帮助街坊邻居中的退休老人运煤买菜，采购年货，碰到生活困难的老人，他总是自掏腰包帮助，先后捐赠一万余元。

赵久富，湖北省黄冈市团风镇黄湖移民新村党支部书记。南水北调工程要求全村移民，赵久富带头搬迁，深入农户中间化解纠纷，带领全村从十堰市郧县搬迁到现在的住址，走上致富之路。被称为全村父老的

“孝子”。

谷岳潘，浙江省温州市人。他在石家庄市务工时两次见义勇为，一次是2006年9月21日，4名歹徒持刀抢劫两位女商户，他听到呼救，立刻冲了过去，在被利刀扎中腰部的情况下，继续与歹徒搏斗，在众人帮助下制服歹徒，为女商户挽回20万元的财产损失。另一次是他从附近服装厂的大火中救出50多名被困人员。他还把自己的奖金和进货款近万元用于帮助患病儿童和汶川灾区群众。被评为河北省评为“见义勇为标兵”“感动省城十大人物”。

潘维廉（William N.Brown），美国人，福建省第一位外籍永久居民（后加入中国国籍），管理学博士，厦门大学教授。他只要400元月薪，其他的钱全部捐助失学儿童，被誉为“洋雷锋”。

第十三届全国十佳孝贤及道德模范（2016年）

刘战鹰，安徽省英士博集团公司董事长。刘战鹰的父亲是我军早期的飞行员之一。刘战鹰认为，最好的孝敬就是陪伴，她每天无论多忙，都会抽时间照顾父母，做慈善活动也带上老人，她的家庭被评为“合肥最美家庭”。她的企业安排了许多残障人士，荣获“残疾人就业先进个人”称号。

成昊才让，甘肃省靖远县人，青年歌手。他出生在偏远山区，从小就照顾久病卧床的爷爷奶奶。走出大山后，他成为一位热心公益的志愿者，专门帮助西北少数民族的孤寡老人和贫困儿童，被吴桂贤教育基金评为“公益爱心大使”。

阿布都热依木·吐逊，新疆维吾尔自治区麦盖提县琼库尔买亥来村党支部书记。为了给重病的父亲治病，他负债30余万元，在父亲逝世后，又承担起为两个弟弟操办婚事的重担。2013年，他开车护送一位素不相识的汉族老人去医院就医，事迹感人。

许仙荷，贵州省天柱县两岔村人，天柱中学教师。她一人要照顾四个病人：因车祸生活不能自理的丈夫、患病卧床的父母、因下肢病残行动不便的妹妹。她笑对人生，从不抱怨，把亲人照顾得非常好。“孝顺媳妇”的美名传遍乡里。

朱萌萌，河南省巩义市芝田镇北石村人，河南科技学院本科学生。父亲病重，母亲瘫痪，2013年，她带着父母去上大学，课余时间，她要为父母洗衣做饭，擦身洗脚，做康复治疗。她还多次无偿献血，从事义务家教，被授予“中原十大孝子”“河南省优秀大学生”称号。

张俊芳，天津市幸福家园养老院院长。她于2003年办院，收养多位孤寡老人和残障老人，不离不弃地善待他们，共为250位老人养老送终。2013年，她创办“孝道讲堂”，承办了40多场大型公益论坛，传播圣贤文化，倡导孝敬之心。

段新宽，河南省栾川县三川村党委书记，栾川县金山矿业有限公司董事长，全国劳动模范。段新宽生在穷苦农民之家，为了让父母安享晚年，兄弟成家立业，他下矿井，凿山洞，开办企业。致富后，他带领全村奔小康，筹措资金上亿元，完成脱贫项目 260 个，安置就业 2112 人，全村的老人因此都能安享晚年，受到中国老龄事业发展基金会的大力表彰。

栾丽红，黑龙江省七台河市“弟子规”学校创始人，中华母亲大讲堂、爱心之家、孙子书院等弘扬传统文化机构的创办人。她带领义工为 300 名服刑人员送温暖，与 200 名春蕾女童帮扶对接，对福利院的儿童进行心理辅导，用《弟子规》规范孩子们的言行。

康殿英，河北省保定市人，高级工程师、书法家。他推动创建了河北省国学学会，是一名出色的社会活动家。他热心公益，乐于助人，敬老爱幼，孝敬父母，是当地受人尊敬和爱戴的孝贤模范和慈善家，被誉为“中国传统文化的守卫者”“当代文化发展的开拓者”。

黄久生，河南省潢川县人，中建七局一公司项目部经理。2008 年，黄久生投资 45 万元在家乡建设一所敬老院。汶川地震发生后，他个人捐款 15 万元，交纳“特殊党费”5 万元。2011 年，为潢川县慈善总会捐款 30 万元。获“全国敬老之星”称号及河南省五一劳动奖章。

模范单位

嵩山建安集团，在董事长孙建文的带领下，致富不忘本，先从孝做起，2008 年向汶川地震灾区捐款 2 万元，2013 年出资 30 余万元为家乡 81 位 80 岁以上的老人摆寿宴，2014 年出资 20 万元向公司 156 位员工的父母敬赠感恩礼服和被子。

国际孝贤之星

斯睿德，美国人，“汉字与词源”网站创办者。他用了20年时间整理甲骨文、金文、小篆等字形并放到网上，完成了汉字字源数字化，输入汉字就可查看字形。为了办这个网站，他花光了30万美元，生活清苦却痴心不改，后来中国网友把他的网站搬上微博，流量飙升。他为中国传统文化数字化做出了特别贡献，被网友称为“汉字叔叔”和“感动中国的外国人”。

第十四届全国十佳孝贤及道德模范（2017年）

赵玉梅，山西省汾阳市峪道河镇宋家庄人。1961年嫁入夫家，因公公婆婆长期患病，她成为家中顶梁柱。送走二老后，她又将丈夫的生母接过来赡养十余年。2004年，患精神分裂症的丈夫瘫痪，她又踏上为丈夫治疗的长路。被评为吕梁市道德模范。

赵曼萍，吉林省长春市人，长春阳光传统文化传播协会会长。多年来，她带领志愿者团队服务于社区、企业、学校、戒毒所，开办国学道德大讲堂，受益者达6万余人。被共青团长春市委评为“最美志愿者”。

赵生政，山东省淄博市人，现为山东蓝泰商贸有限公司董事长。2012年，他自筹资金350万元创办公益道德大讲堂，每年拿出公司利润的百分之十用于公益事业。几年来，累计开办《论语》《了凡四训》等培训班60多期，为5000多名弱势群体人员免费培训，还为数百名留守儿童和贫困学生进行了培训辅导。获“淄博青年五四奖章”。

杨耀邦，香港特区人，香港能仁学院院长。家风仁孝，外祖父和父亲在抗战中做出过突出贡献，母亲是中国第一代西式助产士，她要求儿子把自己的遗体捐献给医学院。杨耀邦精心服侍母亲，每天给母亲洗漱、做饭、读报，陪母亲聊天，使102岁的老母亲一直健康快乐。

刘芳，贵州省贵阳市白云区第三中学教师。2007年因病失明，改做心理咨询，帮助叛逆犯错的孩子走回正道。她让逃学的孩子去看父母劳作的场景，让他们自觉重回课堂。被人们称为“中国大山里的海伦·凯勒”。

张会群，河南省洛阳市庞村镇西庞村党总支书记兼党支部书记。在他的带领下，西庞村步入小康，人均收入26 000余元。为了提高村民的文化素质，村里设立了“孝老节”，每年11月6日为全村65岁以上老人集体过生日。他还创建了宣传孝道文化的“惠众道德乐园”，让村民在这里学习孝道文化。他们村被评为“中原第一孝村”，张会群也获得“河南省十大孝贤”等荣誉。

张宝乐，台湾人。中华文化基金会董事长、太平洋日报社社长。他关心祖国统一，著有《典藏至圣》《老子的故事》等。为了纪念母亲，他设立了孝道奖学金，受奖学生的唯一条件是被学校评定为孝顺父母者。他还资助众多贫困学生，认为资助一个人，就是帮助一个家，帮助整个社会。

庄桂淦、梁纯爱伉俪，祖籍福建省福清市，印尼华侨后代。20世纪 80 年代初，他们舍小家之孝，放弃了出国帮父母打理生意的机会，留在乡村小学教书 40 余载。他们所在的小学有 83 名住校生，还有 5 名智障儿童，在他们的悉心照料下，孩子们感受到家的温暖。他们的家庭被福建省评为“最美家庭”。

吴小燕，上海市人，加拿大多伦多大学副教授，从事汉语推广工作，国际汉语教材编写与翻译专家，汉语专家，加拿大人大山就是她的学生。1987 年，她刚到国外定居，收入不高，却将祖母和父母接到身边，边工作边照顾年迈多病的老人。她一件衣服能穿十多年，出差时与人拼房住宿，省下费用孝敬老人，为自己的学生和孩子做出了榜样。

姚家珍，祖籍江苏，旅美艺术家，世纪万峰影视文化传播有限公司副总经理兼宣发总监。长期致力于中美文化交流，推动中国书画艺术走向世界。她践行孝道文化，当 90 多岁的老母亲病重时，她放下所有的工作与活动，每天守候在母亲身边，母亲喜欢听她唱戏，许多个夜晚，母亲都是在她的哼唱声中睡着的。

模范单位

鸿策集团，河南鸿策集团是一家集管理咨询、教育培训、投融资、资源整合为一体的综合服务公司。董事长陈圆道将“孝”文化融入企业文化中，每年的年会上都要请优秀员工的父母到会，请他们讲述培养孩子的心得；让员工为父母敬茶谢恩，带动更多的员工践行孝文化。他们还为乡村捐赠图书 2000 册，捐款 10 万元，资助 500 名贫困大学生完成学业。

国际孝贤之星

李昀轩，美籍华人，高级经济师，现为北京陆玖文化发展有限公司董事长。曾长期致力于环球夫人大赛的推广，向世界展示中国女性的美丽与内涵。她孝敬母亲，平日在家，不论多忙都要陪母亲聊天，外出活动，每天都要给母亲打电话报平安。

第十五届全国十佳孝贤及道德模范（2018 年）

宗乐成，山东省滕州市张汪镇大宗村党支部书记、村委会主任、大宗集团董事长。20 世纪 80 年代大宗村是贫困村，全村 3000 多人中有 90 多个光棍，一个大学生也没有。宗乐成带领村民苦干 30 年，所在村成为“经济强村”“全省文明村示范点”。村里先后投入 1.5 亿元，建造了人均居住面积 65 平方米的“小康楼”950 余套；“幸福院”里 20 多位孤寡老人不愁吃穿，每个月还发零花钱；光棍们娶了媳妇，成了家；326 个孩子成为大学生。

付云水，天津市静海区双塘镇西双塘村管委会主任，中华书画家联合会副主席。他在村中成立孝道小组和调解小组，强调家庭和睦的秘诀在“孝敬”二字。他言传身教，家中父慈子孝，兄友弟恭，邻里之间凡与父母发生矛盾或打起官司，他都亲自调解。双塘村家家迈进了小康，先后获得各级奖励 40 多项。

杜威，内蒙古自治区卓资县人。他从 7 岁起就与父亲一起照顾瘫痪的母亲，学会了量血压、打针，一天不落地写护理日记。后来，父亲又身患重病，杜威又挑起照顾父亲的担子。他以优异成绩考入内蒙古农业大学，他的《妈妈日记》获得全国道德模范提名奖。

李文东，黑龙江省鹤岗市“弘扬中华传统文化志愿者团队”负责人。坚持举办“幸福人讲座”70 多期，为帮助弱势群体、贫困学子，筹款 60 余万元。他还成立“大爱妈妈团”，深入学校、社区开展“守护青春”讲座，受到广泛好评。

张三平，山西省孝义市人。他经营小饭店起家，生意兴隆后不忘回馈社会，从 2012 年开始，每年重阳节，他都邀请全村 70 岁以上的老人到自家的酒店吃饭，传承敬老尊亲文化。村里每年办社火，张三平都主动资助钱物，为老人献爱心。

田淮民，安徽省六安市人，安徽紫荆花养老服务股份有限公司董事长，安徽企业家孝贤典范。为应对老龄化社会，他投资兴建了达到国家 4A 级景区标准的养老综合服务型小镇，内设老年大学、活动中心、康养中心、恒温泳池，为老年人提供一站式服务，实现老有所养、老有所医、老有所为、老有所乐。他招聘的员工都经过家访调查，孝敬老人者才能入选。

薛荣，河南省郑州市圆方集团党委书记兼总裁，全国优秀党务工作者，十九大代表。圆方集团是一家从事物业和家政的企业，6 万多名女性员工中有 80% 年龄在 40 岁以上，学历在初中以下。公司举办多种培训，强化员工的“孝敬”观念，既让雇主家庭的老人享受到“孝”的温情，也有助于 6 万个员工的家庭和睦幸福。

彭超，四川省米易县人，就读于四川大学法律系。6 岁时，他因触电双臂截肢，命在旦夕，他的父母不离不弃，倾家荡产为他做了五次手术，并帮助他学会了用脚穿衣、写字、上网。为了考上大学，其父彭昌富连续两年在出租屋里陪读，钱不够时外出打工一个月再回来，终于看到儿子成了大学生。为了回报父母和社会，彭超努力学习，成为全国大学生励志之星，并在第一届中国诗词大会上，战胜了北大博士，成为擂主。

付宏伟，河北省威县孙家寨村人，村党支部书记。他致富不忘记报恩，为全村老人当孝子，给全村子女不在身边的老人送饭，每月两次请全村 65 岁以上的老人吃饭。农忙季节，他带领党员群众为全村人提供免费午餐。

王书信，北京市通州区仇庄村党支部书记。为了改变家乡面貌，他创办了毛衫厂，完成村级饮水改造工程，安排全村 300 多人就业，人均收入达到一万余元。自 1999 年起，他家风、村风一起抓，在村中开办道德大讲堂，宣传孝文化，将每年腊月二十日定为“老人节”，村民集体为老人祝寿庆生。

模范家庭

王春雨、赵战芳伉俪，河南省登封市大冶镇吴庄村人。他们有一个52名成员的大家庭，四世同堂，家庭中有26名中共党员，3名预备党员。王春雨父子曾荣立二等功、三等功。全家形成了尊老爱幼、敦亲睦邻的模范家风，他们用自己的行动传承孝道文化。

模范单位

郑州一中汝州实验中学，他们“以孝治校”，教育学生懂孝道、知感恩、能包容、善学习，办学规模不断扩大。他们每年开展“十佳孝亲尊师好少年”评选，组织“传承美德、孝行天下”演讲比赛，春节时开展“爱要说出来、敬要做出来”活动，要求学生为长辈做一件事。在全省起到了尊师敬老的示范作用。

国际孝贤之星

司徒祥文，美国人，毕业于哥伦比亚大学师范学院。1983年成为台湾大学中国古典文学硕士，1997年在多伦多的三所高校教授中国语言与文学，讲授“中华语文之道”，担任《新实用汉语课本》的英文译者。荣获国务院侨办颁发的“优秀海外华文教师终身奖”。

参 考 文 献

[1] 王超，译 .《论语》[M]. 北京：北京联合出版公司，2015.

[2] 胡敏 . 孔子人性论思想探析 [J]. 攀登 (双月刊)，2005(6).

[3] 阿姆斯特朗 . 轴心时代 [M]. 孙艳燕，白彦兵，译 . 海口：海南出版社，2010.

[4] 安冠英，张云令 . 孝道文化古今谈 [M]. 北京：金盾出版社，2018.

[5] 任喜荣 . “伦理法”的是与非 [J]. 吉林大学社会科学学报，2001(6).

[6] 龙大轩 . 孝道：中国传统法律的核心价值 [J]. 法学研究，2015(3).

[7] 王力 . 中国古代文化常识 [M]. 北京：北京联合出版公司，2014.

[8] 冯振德 . 孝贤至德 [Z]. 中国嵩山国际文化节、全国十佳孝贤颁奖大会组委会印制 .

[9] 程德明 . 御注孝经 [M]. 海口：海南出版社，2012.

[10] 喻岳衡，喻涵 . 孝经・二十四孝 [M]. 长沙：岳麓书社，2012.

[11] 尚才仁 . 马庄村志、尚氏族谱 [Z].《马庄村志》编委会印制 .